ESSAIS

DE

DE GÉOMÉTRIE

APPLIQUÉE.

PAR PAUL LE PELLETIER.

Coulommiers, chez Brodard, Imprimeur-Libraire.

Et à Paris, chez { Hachette, rue Pierre-Sarrazin, n° 12 ; Roret, rue Hautefeuille, n° 10 *bis* ; Maire-Nyon, quai Conti.

1837.

ESSAIS
DE GÉOMÉTRIE
APPLIQUÉE.

« L'esprit va toujours de proche en proche ; une in-
» vention paraît ordinairement merveilleuse, parce
» qu'on n'aperçoit pas la route par laquelle on y est
» parvenu ; mais elle paraît toujours aisée quand on
» rapproche celle qui l'a précédée... »

(LALANDE).

« Nature and nature's laws lay hid in night ;
» God said ; — let Newton be, ad all was light. »

(POPE).

« Car attendans la concoction et la digestion de son
» past, ils faisoient mille joyeux instrumens et figures
» géométriques... »

(GARGANTUA).

PRÉFACE.

Je présente au public le résultat des observations que j'ai faites dans le cours de mes études.

Ces essais sur une science aussi utile qu'elle est peu répandue dans la plupart des communes de la France, offriront à ceux qui ne sont pas à portée de faire de longues recherches, des notions suffisantes de Géométrie.

Mon but a été d'élaguer tous les principes difficiles, contentieux et surabondans, du moins dans les arts, pour y substituer une série d'applications classées par traités distincts et progressifs. Je n'ambitionne d'autre succès que celui d'avoir aidé à propager le goût et la connaissance des sciences exactes.

Note. 1° Nous supposons, pour l'intelligence de ce traité, que le lecteur ait dans les mains une Arithmétique raisonnée, quoique élémentaire. Telle est celle de M. *H. Vernier.*

2° Tout ce qui est en petits caractères n'étant que de pure théorie ou de développement, on peut le passer à la première lecture, si l'on désire ne connaître rien autre chose que les applications de la Géométrie; néanmoins il sera fort utile d'y revenir ensuite.

ESSAIS
DE GÉOMÉTRIE
APPLIQUÉE.

LIVRE PREMIER.

HISTOIRE ABRÉGÉE DE LA GÉOMÉTRIE. — AUTEURS QUI L'ONT CULTIVÉE.

Il est écrit : *Toute lumière vient d'Orient.* Les premières notions *d'astronomie* remontent aux observations des pasteurs dans les belles plaines de la Chaldée, observations systématisées par la doctrine mystique de Zoroastre, transmises aux prêtres égyptiens qui les écrivirent en hyéroglyphes, se réservant pour eux seuls le secret du mythe qu'ils imposaient au peuple, ne refusant pas toutefois d'initier à ce secret les sages étrangers qui venaient auprès d'eux étudier les lois de la nature; de là, passant à cette célèbre école d'Alexandrie qui poussa l'astronomie aussi loin, qu'il est donné à l'homme sans le secours du calcul et sous l'influence d'un faux système (celui de Ptolémée), ces notions sont continuées ensuite par cette kyrielle d'auteurs arabes, esclaves des chimères de l'astrologie, et régénérées enfin par des idées plus judicieuses, lorsqu'il tomba dans l'esprit des hommes qu'on pouvait dire, sans offenser la Divinité, non-seulement que le soleil *était un peu plus grand que le Péloponèse*, mais encore qu'il était possible que la terre tournât autour de cet astre.

« *L'Arithmétique* est née chez les Phéniciens, » car ce furent les premiers commerçans, et » l'on dut adopter d'abord le système décimal, » *parce que l'homme a commencé par compter sur ses* » *doigts, et qu'il en a dix.* » (Condillac). Néanmoins, c'est presque toujours le nombre 12 ou le mystique 7 qui domine, et si l'on a adopté 10 lors de la grande réforme des poids et mesures, le progrès se trouve, non pas dans le nombre lui-même qui a bien moins de diviseurs que 12, mais dans l'uniformité.

§ I.

La *Géométrie*, dit-on, est née en Égypte, parce que les inondations du Nil, en bouleversant chaque année les limites des territoires, nécessitaient l'usage de procédés au moyen desquels on pût les retracer après chaque inondation. Cependant il est constant que les Chinois en ont eu, de temps immémorial, des idées bien précises; les Péruviens aussi, d'après leur architecture et leurs connaissances astronomiques, devaient être très-instruits sur la science de la règle et du compas. On ne prétendra pas, sans doute, qu'elle a été transmise à ces peuples par les Égyptiens? On peut voir dans la Bible que les Hébreux en avaient aussi quelques connaissances, qu'ils avaient exportées d'Égypte.

Dans les temps anciens, comme dans le moyen-âge, l'histoire de la Géométrie est écrite sur les monumens plus que sur les livres. Quelles forces mécaniques il fallait avoir en main pour l'élévation des masses gigantesques de pierre qui hérissent le sol de l'Égypte! Quelles connaissances approfondies des proportions, de la régularité, du suave et du beau supposent les temples grecs et les statues de Praxitèle et de Phidias?... Les découvertes des grands géomètres, Thalès qui fit le premier usage de la circonférence pour la mesure des angles (640 av. J.-C.), Pythagore, qui découvrit le fameux théorème *du carré de l'hypothénuse* (590 av. J.-C.); Œnopide de Chio..... etc., ne nous sont transmises que par tradition ou par des écrits postérieurs, tels que ceux de Zénodore, d'Yppocrate de Chio (450 av. J.-C.), qui donna la quadrature des *lunules de cercle*..., etc., jusqu'à Platon (390 av. J.-C.), qui écrivait sur sa porte le fameux apophthegme : « Que » nul n'entre ici s'il n'est géomètre. »

Le premier traité complet, ouvrage immortel, sauf les changemens de rédaction qu'y apporta la science moderne, c'est la *Géométrie d'Euclide* de l'école d'Alexandrie (300 av. J.-C.).

Le problème de la *duplication du cube*, proposé par la prêtresse de Delphes qui demandait un massif d'or double de celui qui supportait la statue d'Apollon, éveilla l'attention de tous les géomètres, et fit découvrir à Platon les courbes connues sous le nom de *sections coniques*, qui sont traitées avec de grands détails et beaucoup de savoir dans l'ouvrage d'Apollonius de Perge (200 av. J.-C.), 50 ans après la mort du célèbre Archimède, qui trouva un nombre approché du *rapport de la circonférence au diamètre* et de la *quadrature de la parabole*. (Voir Liv. II.)

Là s'arrête la science de la Géométrie *de la règle et du compas*; on ne peut plus rien faire sans introduire le calcul.

Cette innovation, préparée depuis long-temps par le théorème du carré de l'hypothénuse, s'opère sous les auspices de Viète et de Descartes.

L'architecture épandue en ogives, en arabesques, en dentelures, demeure stationnaire et s'abâtardit, ou bien retourne sur ses pas, et, prenant ses types dans les sujets antiques les plus gracieux, on voit s'élever Saint-Pierre-de-Rome, Versailles et le dôme des Invalides.

Une nouvelle ère avait commencé pour la science avec la découverte du *calcul différentiel*. (Leibnitz et Bernouilli, XVIIe siècle.)

Pascal seul, en prison, sans aucun secours et dans la plus grande jeunesse, conçoit et rédige les trois premiers livres de Géométrie. A cette époque la science marche à pas de géant; une longue série de découvertes précieuses conduit à la recherche positive des lois du mouvement général des corps et de l'harmonie de l'univers, mais nous craignons que cette digression ne soit déjà bien longue.

§ II.

Définitions. — Son but.

Nous nommerons *espace* ce vague immense, infini en tous sens, dans lequel flottent les corps matériels.

L'étendue sera une portion limitée de l'espace. Elle peut se mesurer bien qu'elle soit insaisissable, car on ne peut concevoir l'étendue qu'autant qu'on la suppose occupée par un *corps matériel*, en nommant *corps* ou *matière* tout ce qui tombe sous nos sens, c'est-à-dire tout ce que nous pouvons voir, et palper. (Voir Liv. V.)

Le but de la Géométrie est *la mesure de l'étendue.*

Cette mesure se rapporte à trois directions primitives appelées *dimensions* de l'étendue, qui sont : *la hauteur, la largeur*, et *l'épaisseur* ou *profondeur.*

Un corps ou *solide* peut toujours être considéré comme ayant trois dimensions.

On nomme *surface* la limite du corps, ou bien ce qui l'enveloppe de tous côtés; la surface, chose insaisissable, n'a que deux dimensions, *longueur* et *largeur*.

Ligne, la limite de la surface ou ses extrémités. Une ligne est une *longueur* sans largeur.

Point, la limite de la ligne ou ses extrémités. Un point mathématique n'a *pas d'étendue*.

§ III.

Utilité de la Géométrie.

Son utilité est incontestable, puisque c'est elle qui nous ouvre la voie de tous les arts mécaniques, et qui nous guide dans la découverte des secrets du cours des astres et des lois générales du monde physique.

Son but, ainsi que nous l'avons déjà dit, est de mesurer l'étendue.

On doit rapporter ce but à deux opérations bien distinctes:

1° Prendre au moyen d'instrumens la mesure des corps matériels, et exprimer cette mesure, soit par des chiffres, soit par une représentation exacte dessinée sur le papier. Cette partie s'appelle *le levé des objets*.

2° Exprimer en chiffres ou dessiner sur le papier un objet qu'on veut faire exécuter sur le terrain, en telle sorte qu'il soit la représentation exacte du dessin qu'on a tracé. Cette partie s'appelle *tracé* ou *projet*.

PROLÉGOMÈNES.

§ IV.

On désigne un point par une seule lettre, A ou B, ou autres.

Il y a trois espèces de *lignes :* droite, brisée et courbe.

La ligne *droite* est le plus court chemin d'un point à un autre, c'est la trace d'un point qui suit toujours la même direction.

On désigne une droite par deux de ses points qui sont ordinairement ses extrémités. Telle est la droite AB (*fig.* 1).

La ligne *brisée* est un assemblage de lignes droites. Telle est ACDEB (*fig.* 1).

La ligne *courbe* est la trace d'un point dont la direction varie à chaque instant[1].

Telles sont AOVUB... AFGHB... (*fig.* 1).

La plus simple est la *circonférence* de cercle dont tous les points situés dans un même plan sont à égale distance d'un point intérieur

---

[1] Le point étant une ligne droite infiniment petite, on voit que le sens de cette définition rentre dans celui qui énonce que la courbe est une ligne brisée composée d'*une infinité de lignes droites infiniment petites.*

nommé centre. On nomme *rayon* la ligne droite qui va du centre à la circonférence. On désigne une circonférence par son rayon. Ainsi l'expression *circ. oA* (*fig.* 2) désignera la circonférence qui a pour rayon oA.

On nomme *angle* ou inclinaison d'une ligne sur une autre, l'espace indéfini compris entre ces deux lignes. (Lacroix.)

On désigne un angle par trois lettres, en mettant au milieu celle qui indique l'intersection de ses deux côtés appelée son *sommet*. Tels sont BAC, DEF (*fig.* 3).

Un angle ne dépend pas de la longueur de ses côtés. On voit aussi par la figure 3 qu'un angle est susceptible d'addition, de soustraction, de multiplication et de division. En effet

L'angle KEG = DEG + DEK (addition).
L'angle DEK = KEG — DEG (soustraction).
L'angle DEF = 2 fois KEF (multiplication).
Et L'angle KEF = $\frac{DEF}{2}$ (division).

Lorsqu'une ligne tombe sur une autre, de manière à former de côté et d'autre deux angles égaux, DEF, DEG (*fig.* 3), ces deux angles se nomment *droits*, et la ligne DE est dite *perpendiculaire* sur FG.

Tous les angles droits sont égaux entre eux.

On nomme angle *obtus* celui qui est plus grand qu'un angle droit, et angle *aigu* celui qui est plus petit. Ainsi KEG est obtus, et KEF aigu.

Il y a *trois espèces de surfaces*, planes, brisées, courbes.

« La surface *plane* ou *plan* diffère de toute autre, » en ce qu'on peut y appliquer exactement, ou y

» tracer une ligne droite dans tous les sens. » (Lacroix.) C'est la trace d'une ligne droite qui ne dévie point de sa direction.

La surface *brisée* est celle qui est composée de surfaces planes.

La surface *courbe* est la trace d'une ligne qui se meut dans l'espace en changeant à chaque instant de direction.

On nomme angle *dièdre* ou inclinaison de deux surfaces, l'espace indéfini compris entre ces deux surfaces. Tel est ABCDEF (*fig.* 4).

Et angle *solide* ou inclinaison d'un certain nombre de surfaces, au moins de trois, l'espace indéfini compris entre ces surfaces.

L'angle de trois surfaces se nomme *trièdre*. Tel est SABC (*fig.* 5).

Les surfaces sont dites *perpendiculaires* dans le même cas que les lignes.

On nomme *figure* un assemblage de lignes qui s'unissent pour enfermer une certaine étendue superficielle.

La plus simple est le *triangle* qui est l'espace compris entre trois lignes qui se coupent. Tel est ABC (*fig.* 6).

Ensuite le *quadrilatère* ou espace compris entre quatre lignes qui se coupent ABCD (*fig* 7), etc.

On nomme *figures égales* celles qui ont les angles égaux et les lignes homologues égales, c'est-à-dire telles qu'on puisse les superposer, de manière à ce qu'elles coïncident dans toutes leurs parties et dans toute leur étendue.

Figures semblables, celles qui ont les angles égaux et les lignes homologues[1] proportionnelles.

§ V.

Signes, abréviations, etc.

La lecture de ce traité n'exige que les connaissances élémentaires que l'on apprend actuellement dans toutes les écoles primaires auxquelles doivent se joindre les notions suivantes, que nous empruntons à *l'algèbre* ou à *l'arithmétique généralisée :*

I. Pour abréger les raisonnemens, nous exprimerons par des signes les mots qui reviennent le plus fréquemment.

Ces mots sont :

Plus, moins, multiplié par, égale, plus grand, plus petit,

qu'on représente par les signes.

$+ \quad - \quad \times \quad = \quad > \quad <$

et *divisé par* en mettant les deux quantités dans une même colonne verticale, et les séparant par un trait horizontal.

Ainsi, si l'on doit ajouter 6 à $\frac{5}{7}$ et diviser le résultat par 9, l'ensemble de ces opérations sera exprimé par la *formule :*

$$\frac{6+\frac{5}{7}}{9}$$

---

[1] On entend par lignes homologues celles qui sont placées *de la même manière* dans les figures qu'on compare.

II. Nous désignerons aussi quelquefois un nombre par une lettre, quand nous nous occuperons d'une propriété générale à tous les nombres entiers, fractionnaires, commensurables ou incommensurables, pour éviter de répéter à chaque fois qu'on voudra parler de ce nombre, *que c'est un nombre quelconque entier ou fractionnaire, commensurable ou non*, ce qui allongerait beaucoup. La lettre que nous choisirons à cet effet sera toujours une des petites lettres de l'aphabet, les grandes lettres étant réservées exclusivement à indiquer la position d'un point sur une figure de géométrie. Nous allons juger sur-le-champ de l'utilité de ces deux *conventions*.

III. *Deux quantités égales à une troisième sont égales entre elles.*

Si l'on a, par exemple, $\dfrac{6+\frac{5}{7}}{9}=\dfrac{47}{63}$ et $0{,}74\ldots=\dfrac{47}{63}$ on aura

$6+\frac{5}{7}=0{,}74\ldots\ldots$ ou plus généralement, si l'on a : ... $a=b$ et $c=b$, on aura $a=c$, les lettres a, b, c représentant des nombres quelconques, ainsi que nous en sommes convenus (II).

On appelle *axiôme* un principe qui est évident de lui-même, comme le principe III.

IV. *Quand on doit multiplier ou diviser, le résultat de l'addition de deux nombres, par un troisième, il suffit de multiplier ou de diviser séparément ces deux nombres par le troisième, et d'ajouter les produits ou les quotiens.*

Si l'on doit, par exemple, ajouter 6 à $\frac{5}{7}$ et multiplier ou diviser le résultat par 9.

On multipliera ou divisera 6 par 9, ce qui donnera 54 ou $\frac{6}{9}$

On fera de même pour $\frac{5}{7}$ ce qui donnera $\frac{45}{7}$ ou $\frac{5}{63}$

Somme. . . . . . $\frac{423}{7}$ ou $\frac{47}{63}$

Autrement, on ajoutera 6 à $\frac{5}{7}$ ce qui donne $\frac{47}{7}$ et on multipliera ou divisera par 9, ce qui donne $\frac{423}{7}$ ou $\frac{47}{63}$, mêmes résultats, ce qui s'écrit d'une manière plus générale par les deux formules suivantes :

$$(a+b)\times c = a\times c + b\times c \text{ etc.}$$

$$\frac{(a+b)}{c} = \frac{a}{c} + \frac{b}{c}$$

On nomme *théorème* un principe qui a besoin d'une démonstration pour devenir évident comme le principe IV. (Voir pour sa démonstration l'algèbre de MM. *Mayer* et *Choquet* ou de M. *Lefebvre.*)

V. *Quand on doit multiplier ou diviser le résultat de la soustraction de deux nombres, par un troisième, il suffit de multiplier ou de diviser séparément ces deux nombres par le troisième, et de retrancher les produits ou les quotiens.*

Ce qui se formule ainsi :

$$(a-b)\times c = a\times c - b\times c \text{ et}$$

$$\frac{(a-b)}{c} = \frac{a}{c} - \frac{b}{c}$$

Ce principe est un théorème. (Voir les algèbres citées.)

VI. *S'il y a égalité entre deux quantités, l'égalité n'est pas troublée quand on fait subir une même opération aux deux quantités.*

Si l'on a, par exemple :

$$\frac{47}{63}=0,74\ldots$$

On a encore

$$\frac{47}{63}\pm\frac{3}{5}=0,74\ldots\pm\frac{3}{5}\ \text{etc...}$$

Ce qui se formule ainsi :

Si l'on a $a=b$, on aura

$a \pm m = b \pm m$ et aussi,

$a \times m = b \times m$ et encore,

$\frac{a}{m}=\frac{b}{m}$ etc...

Ce principe est un axiôme.

VII. On dit qu'on *élève* un nombre à sa 2ᵉ, 3ᵉ, 4ᵉ, 5ᵉ, 6ᵉ, etc., *puissance*, lorsqu'on le multiplie 2, 3, 4, 5... fois par lui-même, et qu'on *extrait la racine* 2ᵉ, 3ᵉ, 4ᵉ, 5ᵉ... d'un nombre donné quand on cherche le nombre qui, multiplié 2, 3, 4... fois par lui-même, reproduira le nombre donné.

La 2ᵉ puissance d'un nombre se nomme son *carré*.

La troisième son *cube*.

La racine 2ᵉ se nomme *racine carrée*, et la racine 3ᵉ se nomme *racine cubique*. Tout ceci est de convention.

Pour indiquer qu'on doit élever un nombre à sa 2ᵉ, 3ᵉ, 4ᵉ... puissance, par exemple, le nombre 20 à sa 5ᵉ puissance, au lieu d'écrire $20 \times 20 \times 20 \times 20 \times 20$, on met l'indice 5 de la puissance à droite de 20, et un peu au-dessus, de cette manière, 20^5, et pour indiquer qu'on doit prendre la racine 5ᵉ, 6ᵉ... d'un nombre, on met ce nombre sous le signe $\sqrt{\ }$ qu'on nomme radical, entre les branches duquel on écrit l'indice de la racine à extraire. Ainsi Racine 5e de 20 s'écrira

$$\sqrt[5]{20}$$

Ces notations sont dues à *Descartes.*

Ces notions préliminaires étant établies, nous allons passer à l'exposition et à la démonstration des principes de la Géométrie; cette partie de la science est la théorie.

Nous passerons ensuite, livre par livre, à la pratique, c'est-à-dire à l'autre partie de la science, celle qui a pour but de montrer comment on peut employer les principes théoriques à construire des instrumens qui puissent remplir les deux objets énoncés dans le § III, et surtout à se servir de ces instrumens.

On opère sur le *terrain*, c'est-à-dire sur les corps eux-mêmes ou sur le *papier*, pour en faire des figures semblables. Nous examinerons ordinairement à part ces deux sortes d'opérations.

FIGURES PLANES.

CHAPITRE PREMIER.

TRACÉ ET MESURE DES LIGNES. — THÉORIE.

§ VI.

Nous nommerons *grandeur* l'expression numérique absolue de la portion de l'étendue occupée par une ligne, une surface ou un solide. (Voy. Liv. V.)

Mesurer une grandeur, c'est chercher combien de fois cette grandeur contient une autre grandenr de même nature prise pour unité de mesure, ou si elle ne contient pas un nombre entier de fois l'unité de mesure, c'est chercher combien elle contient de fois une partie fractionnaire de cette unité. (Voy. Liv. V.)

Pour mesurer la grandeur d'une ligne AB (*fig.* 8), CD étant l'unité de longueur, on cherchera combien de fois on peut porter CD sur AB; supposons que ce soit trois fois avec un reste AE $<$ CD.

On portera AE sur CD pour voir combien de fois il y est contenu; supposons que ce soit une fois avec un reste CG $<$ AE.

On portera ce reste sur AE, et si AE contient un nombre entier de fois CG, 2 par exemple, on s'arrêtera.

En effet, CG étant contenu deux fois dans AE, sera contenu trois fois dans CD et neuf fois dans EB; donc il le sera onze fois dans AB, et AB, contenant onze fois le tiers de CD, en sera les $\frac{11}{3}$.

Quand on peut trouver une partie aliquote de l'unité qui soit contenue exactement dans la ligne à mesurer, on dit que cette ligne est *commensurable* avec l'unité. On l'appelle *incommensurable* dans le cas contraire.

Premier Théorème. *La somme de deux angles adjacens KEG, KEF (fig. 3), c'est-à-dire placés d'un même côté d'une droite GF, vaut deux angles droits.*

En effet, la somme de ces deux angles intercepte la même grandeur angulaire que la somme de deux angles droits.

Premier Corollaire. *La somme de tous les angles KEF, DEK, MED... (fig. 3) vaut deux droits.* (Mêm. dém.)

Deuxième Corollaire. *La somme de tous les angles formés autour d'un point vaut quatre droits.* (Id.)

Deuxième Théorème. *Deux angles ACD, ECB (fig. 9) opposés au sommet sont égaux.*

En effet, les deux angles ACD et ACE étant adjacens, on a :

$$ACD + ACE = 2 \text{ d.}$$

Pour la même raison, on a :

$$ECB + ACE = 2 \text{ d.; donc}$$
$$ACB + ACE = ECB + ACE,$$

et en retranchant aux deux membres la quantité commune ACE, il reste :

$$ACB = ECB \text{ c. q. f. d.}$$

—On distingue parmi les triangles : 1° le triangle *isoscèle* qui a deux de ses côtés égaux; 2° le triangle *rectangle*, qui a parmi ses trois angles un angle droit; 3° le *triangle équilatéral*, qui a ses trois côtés égaux. Toute autre espèce de triangle se nomme *scalène*.

Troisième Théorème. *Deux triangles sont égaux quand ils ont un angle égal A = D (fig. 10), compris entre deux côtés égaux AB=DE et AC=DF.*

En effet, la coïncidence des deux figures s'établira par la superposition, en posant l'un des triangles sur l'autre, par exemple DEF sur ABC, en telle sorte que l'angle D recouvre A. Les lignes DE, DF ayant même direction que AB et AC, tomberont sur ces dernières, et comme elles leur sont égales, les points E et F tomberont en B et C, alors la coïncidence sera parfaite.

Ce théorème donne le moyen de construire un triangle quand on connaît un angle A de ce triangle et les grandeurs de deux côtés adjacens; en effet on prendra les longueurs des deux côtés de l'angle, égales respectivement à ces longueurs, et on joindra les extrémités.

QUATRIÈME THÉORÈME. *Deux triangles sont égaux quand ils ont un côté égal AB=DE adjacent à deux angles égaux A = D et B = E.*

En effet, on placera DE sur AB en mettant D en A, les angles D et E coïncidant avec A et B, les lignes DF et EF tomberont sur AC et BC; et comme elles ne peuvent se couper qu'en un point, le point F tombera sur C, et il y aura coïncidence.

Ce théorème donne le moyen de construire un triangle quand on connaît un de ses côtés et les deux angles adjacens.

CINQUIÈME THÉORÈME. *Deux triangles ABC, DEF qui ont deux côtés égaux AB=DE, AC=DF (fig. 11), comprenant un angle BAC< EDF, ont les troisièmes côtés inégaux, savoir : BC < EF.*

En effet, plaçons BAC dans DEF en mettant AC sur DE, le point B peut tomber :

1° Dans le triangle DEF (I), auquel cas on a :

FB + BD < DE + EF, en prenant pour axiôme qu'une ligne FBD est plus petite qu'une autre FED qui l'enveloppe dans tout son contour,

Et comme BD = DE il s'ensuit en les retranchant,

FB < EF;

2° Sur le côté EF (II), auquel cas on a évidemment FB < EF;

3° Hors du triangle (III), et on a :

BF < BI + IF

DE < ID + EI, d'où

BF + DE < DB + EF, et comme DE = DB, BF < EF c. q. f. d.

COROLLAIRE. *Deux triangles sont égaux quand ils ont les trois côtés égaux chacun à chacun (fig. 10).*

Car l'égalité des angles s'ensuit nécessairement, par exemple l'angle A doit égaler l'angle D, autrement le côté BC n'égalerait pas EF.

Ce théorème donne le moyen de construire un triangle quand on connaît ses trois côtés; car à l'extrémité du côté BC, par exemple, comme centre avec CA pour rayon, on décrira un arc de cercle; du point B, comme centre avec BA pour rayon, on décrira un autre arc de cercle; l'intersection A de ces deux arcs sera le sommet du triangle.

SIXIÈME THÉORÈME. *La ligne AD, menée du sommet d'un triangle isoscèle ABC sur le milieu de la base, lui est perpendiculaire (fig. 12.).*

En effet, les deux triangles ABD, ADC étant égaux comme ayant les trois côtés égaux, les deux angles adjacens ADB, ADC sont égaux aussi, donc ils sont droits.

PREMIER COROLLAIRE. *Dans un triangle isoscèle les angles B et C à la base, opposés aux côtés égaux, sont égaux.*

DEUXIEME COROLLAIRE. *Dans un triangle quelconque ABC, au plus grand angle B, est opposé le plus grand côté AC.*

En effet, dans l'angle ABC faisons l'angle DBC = DCB, le triangle DCB sera isoscèle, et BD sera égal à DC : mais on a :

AB < BD + AD, donc
AB < AD + DC ou
AB < AC c. q. f. d.

— On appelle *hypothénuse* d'un triangle rectangle, le côté de ce triangle qui est opposé à l'angle droit.

SEPTIÈME THÉORÈME. *Deux triangles rectangles sont égaux quand ils ont l'hypothénuse égale AC = DE (fig. 14.), et un angle aigu égal BAC = EDF.*

Plaçons l'angle D sur l'angle A. et supposons que le point E ne tombe pas en B, mais en I, il faudrait que l'angle CIB fût droit, ou que d'un point C on pût abaisser deux perpendiculaires sur une même droite AB, ce qui est impossible; car en prolongeant CB d'une quantité égale à elle-même en M et joignant MI, il résulterait de l'égalité des deux triangles MBI, BIC, celle des deux angles MIB, BIC; la ligne CIM devrait alors être droite, ce qui ne se peut.

§ VII.

Application.

1° *Sur le papier.* Pour tirer une ligne droite sur le papier, on se sert d'une *règle*, le long de laquelle on fait glisser la pointe d'un crayon ou d'une plume.

Les règles que l'on doit employer sont des règles plates minces et larges. On s'assure de leur exactitude en traçant d'abord une ligne droite, puis retournant la *règle* et l'appliquant le long de ce tracé, elle doit, si elle est juste, coïncider avec lui.

Deux points déterminant la position d'une droite pour tracer une ligne droite qui doit passer par deux points donnés, on applique le bord de la règle sur un de ces points, et on la fait tourner autour jusqu'à ce qu'elle atteigne l'autre point; alors on tire la ligne.

L'imperfection de nos sens ne nous permettant jamais d'arriver à des résultats graphiques exacts, il faut savoir se contenter d'une approximation plus ou moins grande, suivant l'importance de l'objet. Ainsi nous ne tracerons jamais sur le papier une *longueur sans largeur*, mais nous pourrons en tracer l'apparence d'autant mieux, que les pointes que nous emploierons seront plus fines.

— Pour mesurer sur le papier la ligne droite menée d'un point à un autre, c'est-à-dire la distance de ces deux points, on portera sur cette ligne une graduation métrique[1] d'une longueur de deux décimètres, qui est une règle en bois taillée ordinairement en biseau (*fig.* 15) et divisée en millimètres; on comptera combien de fois le double décimètre est contenu dans la droite à mesurer, et on évaluera le reste en millimètres, en négligeant ce qui restera à mesurer de la droite, qui sera plus petit qu'un millimètre, ou en comptant un millimètre de plus, si ce reste est un peu plus grand qu'un $\frac{1}{2}$ millimètre, ce qui se voit à l'œil.

L'erreur que l'emploi du double décimètre fait supporter à l'évaluation de la longueur de la droite est de $\frac{1}{1000}$; pour avoir une plus grande approximation, il faut se servir d'un *vernier* (*fig.* 16).

Soient AB une règle divisée en un certain nombre de parties égales, en cinq, par exemple, et CD une règle égale en longueur à la règle AB, et juxta-posée en telle sorte que leurs extrémités se confondent.

---

[1] Le mètre a été fixé pour unité de mesure linéaire par la loi du 18 germinal an III. C'est la dixmillionème partie du quart du méridien; il vaut 3 p. 0 p. 11 l. 296 des anciennes mesures.

Si on divise la règle CD en six parties égales, chacune des divisions de CD sera d'$\frac{1}{6}$ en avance sur la division correspondante de AB, c'est-à-dire que la première sera en avance d'$\frac{1}{6}$ de la longueur d'une des divisions de AB, la deuxième de $\frac{2}{6}$, la troisième de $\frac{3}{6}$, etc..... la sixième de $\frac{6}{6}$ ou d'1.

Supposons maintenant que nous ayons mesuré, au moyen de la ligne AB, une longueur AM, en portant AB sur AM, et que AM vaille trois divisions de AB, plus une longueur 3°M, que nous ne pouvons plus mesurer, nous ferons glisser notre seconde règle CD jusqu'à ce que son point o° corresponde au point M, puis nous ramènerons ce point o° au point o° de AB, et nous regarderons de combien de divisions il a dû descendre pour cela. Dans notre hypothèse, ce sera de deux et d'une certaine fraction de division. Nous pouvons donc affirmer que la longueur 3°M est entre les $\frac{2}{6}$ et $\frac{3}{6}$ de la longueur d'une des divisions de AB.

On conçoit quelle est l'importance d'un pareil instrument, puisqu'une règle, divisée seulement en un nombre de parties égales supérieur d'une unité à celui des divisions d'une seconde règle, donnera le moyen d'évaluer des fractions de division de la deuxième règle, qui auront pour dénominateur le nombre de divisions de la première.

Toute échelle graduée droite ou courbe doit donc se munir d'un pareil instrument dont l'invention est due à Vernier en France, et à Nonius en Espagne, qui l'ont découvert simultanément.

§ VIII.

Sur le terrain. Pour joindre par une ligne droite deux points qui ne sont pas à une très-grande distance, on se sert d'un *cordeau*, instrument dont tout le monde connaît l'emploi.

Mais entre deux points très-éloignés, on se contente d'indiquer des points assez rapprochés de la ligne au moyen de *jalons*. On place deux de ces jalons aux deux extrémités de la droite, en les plantant aussi verticaux que possible, au moyen d'un *fil à plomb*. On en pose d'intermédiaires aussi rapprochés que la circonstance l'exige, et qu'on aligne au moyen de l'œil avec les deux premiers, en plaçant préalablement, dans la direction de la ligne et au-delà de ses extrémités, deux jalons de part et d'autre qui servent de *repaires*.

Pour mesurer une ligne toute tracée sur le terrain, si elle n'est pas très-longue, on se servira d'un mètre divisé en décimètres, centimètres, etc..... sinon on emploiera une chaîne en fer. *La chaîne d'arpenteur* (loi précitée) est un *décamètre* composé de cinquante chaînons de deux décimètres chaque; on s'en sert à deux, le premier l'applique le long des jalons qui indiquent la direction de la ligne, en plantant des piquets à chaque fois qu'il y a une longueur entière de la chaîne, tandis que le second le suit jusqu'à ce qu'il en ait dix dans la main; alors il les rend au premier, et compte cent mètres pour la longueur déjà obtenue. Le premier continue de la même manière jusqu'à ce qu'il soit arrivé à l'extrémité de la ligne à mesurer. L'approximation est d'$\frac{1}{10}$.

Quand on a besoin de mesurer une ligne sur le terrain avec une grande *précision*, comme celle qui doit servir de base à une opération très-délicate, on se sert d'une mesure composée de triangles inextensibles, autant que faire se peut, par la chaleur, comme les règles de platine, et divisées avec le plus grand soin au moyen du *comparateur*.

C'est ainsi qu'ont procédé Méchain et Delambre pour la détermination de la longueur et de la position du premier méridien, d'où dépendait celle du mètre, et aussi comme ont fait les ingénieurs du *cadastre* de France.

On peut encore mesurer les lignes sur le terrain quand on n'a pas besoin d'une grande exactitude par le pas de l'homme, en ayant soin d'évaluer auparavant le sien. Le pas ordinaire de l'homme varie de 2 pieds $\frac{1}{2}$ à 3 pieds.

§ IX.

On décrit les *circonférences de cercle* avec un *compas*. C'est un instrument composé de deux branches en cuivre jouant, à charnière, qu'on peut serrer à volonté avec une *clef*, et terminé par deux pointes aciérées; à l'une d'elles, on peut substituer un porte-crayon, un *tire-ligne* ou une *rallonge*. Quand on connaît le centre et la longueur du rayon d'une circonférence, on met une des pointes du compas au centre, et prenant une ouverture égale à la longueur du rayon, on fait tourner la deuxième branche, munie d'une plume on d'un crayon, autour de la première. Cet instrument doit être choisi avec le plus grand soin. Une bonne dimension à lui donner est six pouces[1].

CHAPITRE II.

TRACÉ ET MESURE DES ANGLES. — THÉORIE.

§ X.

DÉFINITION. On appelle *corde* (*fig.* 2) une ligne droite qui coupe la circonférence en deux points; le *diamètre* est la corde qui passe

---

[1] On fait depuis peu, dans les nouvelles boîtes de mathématiques des compas très-petits nommés *compas à balustre*, destinés à

par le centre, c'est la plus grande de toutes ; il est le double du rayon. On nomme *tangente* une ligne qui n'a qu'un point de commun avec la circonférence ; *angle inscrit* un angle qui a son sommet sur la circonférence, et *angle au centre* celui qui l'a au centre.

Anxiômes. *Dans la même circonférence, ou dans des circonférences égales :*

1° *Des cordes égales soutendent des arcs égaux, et réciproquement ;*

2° *De deux cordes inégales, la plus grande soutend le plus grand arc, et est la plus rapprochée du centre ;*

3° *Des angles au centre égaux correspondent à des arcs égaux, et réciproquement.*

Théorème. *Les angles au centre sont proportionnels aux arcs correspondans.*

En effet, supposons que les deux arcs soient *commensurables entre eux*, et dans le rapport de 11 à 3 ; menons des lignes rayonnantes du centre à chacun des points de division. les deux angles au centre seront divisés, l'un en onze, l'autre en trois parties égales, leur rapport sera donc le même que celui des arcs ; donc ils leur seront proportionnels.

La proposition est encore vraie dans le cas des *arcs incommensurables*. (Voy. Liv. V.)

Ce théorème donne le moyen de mesurer, dans une circonférence connue, les angles au centre par les arcs qui leur correspondent, car on sera bien sûr qu'à un arc double d'un autre correspondra un angle au centre double, et ainsi de suite.

Mais en ajoutant à ce principe que les circonférences sont proportionnelles à leurs rayons, c'est-à-dire qu'une circonférence d'un rayon de trois mètres est le triple de celle d'un rayon d'un mè-

---

décrire des cercles d'un petit diamètre. La balustre est une pièce de cuivre plate adaptée à la tête du compas et dans son plan, en telle sorte qu'en faisant tourner cette pièce entre ses deux doigts, le compas décrit aussi sa révolution. On conçoit facilement la commodité de cet instrument. On a substitué aussi à l'une des branches de ce compas une aiguille pressée par une vis, en telle sorte qu'on peut alonger la pointe dont l'extrémité est au centre, et rendre le tire-ligne plus près d'être perpendiculaire au plan de la figure. Ces modifications sont dues à *Lerebours*.

tre, etc... on pourra adopter, pour la mesure de tous les angles, une circonférence d'un rayon arbitraire qu'on divisera comme on le jugera convenable.

§ XI.

Application.

1° *Sur le papier.* Pour faire sur le papier un angle égal à un angle donné, il faut décrire du sommet de l'angle donné, comme centre avec un rayon arbitraire, un arc de cercle qu'on termine aux deux côtés de l'angle; puis, du point où l'on veut lui faire un angle égal comme centre avec le même rayon, un arc de cercle qu'on prend égal au premier, joindre le point donné aux extrémités de ce deuxième arc, et on a ainsi l'angle demandé.

Si les deux angles sont sur la même feuille de papier, il est plus commode de mener par le point donné deux parallèles aux côtés du premier angle. (Voir § 16.)

L'instrument qui sert à mesurer les angles sur le papier se nomme *rapporteur.*

Il consiste en un demi-cercle en cuivre évidé ou en corne divisé ordinairement en demi-degrés, c'est-à-dire en trois cent soixante parties égales, les dégrés étant numérotés de 10 en 10. Le centre est indiqué par un petit trou, et par ce centre passe un diamètre horizontal aux deux extrémités duquel sont les points *o*° de la division, c'est pour cela qu'on le nomme la ligne *o*°*o*°.

Les rapporteurs en corne sont les plus commodes, à cause de leur transparence. Néanmoins on doit à M. *Desagneaux* un rapporteur en acier d'un usage précieux. Cet instrument est divisé en demi-degrés comme les autres, mais il est coupé net à la ligne *oo*, en telle sorte que lorsqu'on veut faire sur le papier un angle d'un nombre de degrés donné, *m*° par exemple, on place le centre de l'instrument au point A, où doit se trouver le sommet de l'angle (*fig.* 53 *bis*), puis on cherche sur son limbe le point *m*° qui tombe en B, je suppose; alors on fait tourner le rapporteur autour du centre, en telle sorte que la ligne *oo* tombe en A B, et il ne reste plus qu'à tirer AB au crayon ou à l'encre, ce diamètre servant de règle.

— Tout le monde sait qu'on divise la circonférence de cercle en 360 parties égales qu'on nomme degrés, le degré en 60 minutes, la minute en 60 secondes, la seconde en 60 tierces, et ainsi de suite; et d'après le nouveau système, la circonférence en 400 grades, le grade en 100 minutes, la minute en 100 secondes, etc... On indique le degré par le signe °, le grade par le signe ᵍ, la minute par le signe ′, la seconde par ″, la tierce ‴, et ainsi de suite. Mais dans la nouvelle division, comme les minutes, secondes et tierces sont des parties décimales du grade, on les écrira autrement; par exemple, 93 grades 75 minutes 5 secondes s'écriront : 93ᵍ, 7505.

Tous les instrumens qui sont en circulation étant divisés suivant l'ancienne manière, nous l'adopterons. Néanmoins il est facile de changer une mesure prise en dégrés, minutes et secondes, en grades, minutes et réciproquement, comme nous le ferons voir (Liv. IV), *réductions de mesure.*

On ne doit se servir du rapporteur que pour *mesurer sur le papier* un angle qui y est tracé, ce qui s'appelle *lire un angle*, ou bien faire sur le *papier* un angle donné en degrés et minutes, ce qui s'appelle écrire un angle.

Les rapporteurs ordinaires n'étant divisés qu'en

$\frac{1}{2}$ degrés, il semble que dans ces deux opérations, l'approximation ne puisse être qu'à $\frac{1}{2}^{\circ}$ près; mais par une heureuse combinaison, M. Désagneaux donne le moyen de l'obtenir à 1′ près (*fig.* 35 *bis.*). Sur la ligne oo° est une encoche *ab* inclinée d'$\frac{1}{2}$ degré sur le diamètre et divisée en 30 parties égales, la ligne *ab* passant par le centre. Si l'on a alors besoin de donner à l'instrument une inclinaison d'1, 2, 3, 4... minutes, on le glisse sur deux pointes de compas, l'une fixée au centre, et l'autre à la division où l'on s'était arrêté, jusqu'à la 1re, 2e, 3e, 4e... division, à partir du point *b*; et en effet, si pour l'angle *abm* l'inclinaison est d'$\frac{1}{2}$ degré, pour un angle, d'$\frac{1}{30}$, $\frac{2}{30}$, $\frac{3}{30}$... d'*abm* elle sera d'1′, de 2′, de 3′... etc.

§ XII.

Les moyens indiqués pour faire sur le papier un angle égal à un autre pourraient s'employer également sur le terrain en décrivant les arcs de cercle avec des piquets attachés à de longues cordes; mais ce procédé est aussi long qu'inexact, et on lui substitue avec avantage les lignes tirées au moyen de l'œil, et que pour cette raison on appelle *rayons visuels*.

On nomme *graphomètre* l'instrument destiné à mesurer les angles sur le terrain, et qui n'est autre qu'un rapporteur modifié de manière à devenir apte à tirer des rayons visuels; il consiste en un demi-cercle de cuivre CDB (*fig.* 18), divisé à la manière du rapporteur, et monté sur un trois-pieds TT'T'' ou bâton d'arpenteur.

Ce demi-cercle est perpendiculaire à l'axe du trépied oT'', et son centre o est l'extrémité de cet axe.

Quand l'axe du trépied est dans la verticale d'un point du terrain, le centre o de l'instrument s'y trouve aussi, et peut être considéré comme ce point lui-même, si le terrain est plat.

Le demi-cercle CDB peut donc prendre une position complètement horizontale, ce que l'on reconnaît, soit au moyen d'un fil à plomb, soit par le niveau à bulle d'air N.

Quand il est dans cette position, il est facile, au moyen des autres pièces de l'instrument : 1° de faire au point O du terrain un angle de *m*°; 2° de prendre l'angle que font avec le point O deux objets M. et K.

1° On tirera une ligne suivant le diamètre *o*°*o*° ou CB, c'est-à-dire qu'on placera l'œil à l'extrémité C d'une lunette d'approche CB fixée à ce diamètre, et qu'on fera jalonner le rayon visuel BM.

Une autre lunette GF a son axe parallèle au demi-cercle, mais peut tourner en tous sens autour du centre o, sa trace est indiquée sur le demi-cercle par un curseur o'B qu'elle entraîne dans sa rotation, et qui lui est exactement parallèle, on fera mouvoir cette lunette de B en R jusqu'à ce que l'axe du curseur arrive à la m^ème^ division du graphomètre, puis on placera l'œil au point G, et on fera jalonner la direction du rayon visuel FK. L'angle MOK sera ainsi tracé sur le terrain.

2° Le système entier du demi-cercle de cuivre, des deux lunettes et du curseur est mobile autour du point o, en telle sorte que le diamètre *o°o°* peut tourner avec le demi-cercle autour de ce centre, sans changer de position relativement au demi-cercle.

Lors donc que le point o se trouve bien dans la verticale qui passe par le point P où l'on doit se placer sur le terrain, et qui est le sommet de l'angle KPM que l'on a à relever, on fera tourner le demi-cercle jusqu'à ce que le point M soit dans le rayon visuel tiré par CB. (C'est ici qu'on peut apprécier l'utilité d'une lunette d'approche, en supposant une longue distance entre P et M.)

Quand la lunette CB sera dans cette direction, on la fixera en rendant le demi-cercle immobile par la pression d'une vis, puis on cherchera de la même manière le point K avec la lunette GF.

Quand on l'aura trouvé, l'extrémité de l'axe du curseur indiquera le nombre de degrés de l'angle MOK qui est le même que MOP; comme on peut avoir à mesurer des angles RPM situés dans un plan vertical, le graphomètre est posé sur un genou qui est arrêté au moyen d'une vis V, mais qui, en la desserrant, tourne sur lui-même, et permet au graphomètre de se mettre dans un plan vertical, c'est-à-dire parallèle à l'axe de son trépied. C'est ce que fait voir la *fig.* 19.

— Dans la plupart des graphomètres, les lunettes sont remplacées par une disposition ingénieuse d'appareils qu'on nomme *alidades* et *pinnules*.

L'alidade est un diamètre mobile, recourbé aux deux extrémités, à angle droit et en forme d'U.

Les branches recourbées BB (*fig.* 20) de ce diamètre sont munies d'ouvertures (A) rectangulaires parfaitement égales, qu'on nomme *pinnules*; un fil vertical et une fente qui se correspondent dans ces ouvertures désigne le point de mire qui se trouve dans l'axe oo' de l'alidade. La disposition du graphomètre est du reste la même.

On sent combien est préférable une lunette dans le champ de laquelle deux fils, presque imperceptibles, se croisent perpendiculairement pour donner un point de mire d'une grande ténuité. Le cercle du graphomètre ne pouvant pas être très-grand, la division ne peut être poussée que de 30' en 30' au plus. Un vernier ajoute beaucoup à l'approximation, et en complétant le cercle de l'instrument, on peut faire usage d'un procédé connu sous le nom de *répétition des angles* (Liv. V), qui ne laisse rien à désirer sous le rapport de la précision. Le graphomètre, ainsi modifié, se nomme *cercle répétiteur*; on le munit d'une boussole B pour l'orienter.

CHAPITRE III.

PERPENDICULAIRES. — THÉORIE.

§ XIII.

Premier Théorème. *La perpendiculaire OA, à une droite BC (fig. 22), est plus courte que l'oblique OD qui part du même point O.*

En effet, prolongez OA d'une quantité égale AM, joignez DM, les deux triangles rectangles ODA, MDA seront égaux, et on aura ODM > OM, donc OD moitié de ODM sera > que OA moitié de OM.

Corollaire. *La perpendiculaire abaissée d'un point O sur une droite, BC mesure la distance du point O à la distance BC.*

Deuxième Théorème. *Deux obliques, OD, OC, également distantes du pied A de la perpendiculaire OA sur BC, sont égales.*

Cela résulte de l'égalité des deux triangles OAD, OAC.

Premier Corollaire. *Quand elles sont inégalement distantes, comme OD et OB, la plus éloignée est la plus grande.*

En effet, on a OBM, ligne enveloppante > ODM, ligne enveloppée ; donc OB moitié de OBM > OD moitié de ODM.

Deuxième Corollaire. *La tangente menée à une circonférence est perpendiculaire au rayon qui passe au point de tangence.*

Car tout autre droite menée du centre à la tangente serait plus grande que le rayon, puisqu'elle sortirait de la circonférence.

§ XIV.

Application.

1° *Sur le papier.* L'*équerre* est un prisme triangulaire en bois, qui a pour base un triangle rectangle souvent isoscèle de 15 à 20 centimètres, et pour hauteur 3 à 4 millimètres au plus. Cet instrument sert à tirer avec une assez grande exactitude une perpendiculaire à une droite donnée par un point pris, soit sur cette droite, soit hors.

Exemple :

1. *Par le point A (fig. 21), mener une perpendiculaire sur CD.* On placera un des côtés de l'angle droit de l'équerre sur CD, et on fixera l'équerre dans cette position au moyen d'une règle *mn*, qu'on assujettira le long de CD avec le doigt, puis on fera glisser l'équerre le long de cette règle jusqu'à ce qu'elle passe par le point A, et on tirera AO qui sera la perpendiculaire redemandée.

On aura cette perpendiculaire beaucoup plus exactement en se servant du compas, et on doit le préférer dans une opération rigoureuse.

Des deux côtés du point A (*fig.* 22), on prendra deux longueurs AB, AC égales, puis, du point B comme centre, avec un rayon plus grand que BA, on décrira un arc de cercle OM ; du point C, comme centre avec le même rayon, on décrira un deuxième arc de cercle qui coupe le premier aux deux points O et M, on joindra OM, ce sera la perpendiculaire demandée.

II. *Par le point A pris hors CD, mener une perpendiculaire à CD* (*fig.* 23). On fixe un des côtés de l'angle droit de l'équerre sur CD au moyen d'une règle *mn*, comme dans le premier cas, puis on fait glisser l'équerre jusqu'à ce qu'elle passe par le point A, etc. Pour l'avoir plus exactement avec des arcs de cercles, on décrira du point A (*fig.* 24) comme centre, avec un rayon suffisamment grand, un arc de cercle qui coupera CD aux points M et N; du point M comme centre, avec un égal à MA, nous décrirons un arc de cercle AB ; du point N comme centre, avec le même rayon, un deuxième arc de cercle qui coupera le premier; aux points A et B, on joindra AB qui sera la perpendiculaire demandée.

2° *Sur le terrain.* L'instrument dont on se sert ordinairement pour tirer des perpendiculaires sur le terrain et qu'on nomme *équerre d'arpenteur*, est un prisme *octogonal en cuivre*, dont les faces parallèles sont percées de pinnules par lesquelles on peut tirer des lignes droites au moyen d'un rayon visuel.

Il résulte de la définition de cette équerre que les faces de deux en deux sont perpendiculaires entre elles, et que deux faces qui se suivent sont inclinées de 45°.

Les angles des faces étant aussi ceux des rayons visuels, on voit qu'il est aisé, sans entrer dans de plus grands détails, une fois que la douille de l'instrument est jointe à frottement avec un pied d'une longueur convenable, de construire une droite qui fasse un angle de 90° ou de 45° avec une droite donnée, soit par un point pris sur cette deuxième droite, soit par un point pris en dehors.

On doit avoir soin, dans cette opération, de placer toujours le pied parfaitement vertical, au moyen d'un fil à plomb.

On peut également pour cela se servir du graphomètre, mais l'équerre d'arpenteur est d'un usage bien plus facile.

Il existe encore d'autres modes d'équerres parmi lesquels nous citerons *l'équerre à miroir*, qui est composée de deux glaces à charnière M et M' (*fig.* 25), qui s'ouvrent perpendiculairement ; si cette équerre est placée de façon qu'on aperçoive dans un des miroirs l'image d'un point O d'une droite AB à laquelle on veut élever une perpendiculaire, on apercevra symétriquement dans l'autre miroir M' l'image du point O', tel que la ligne OO' sur le terrain est perpendiculaire à AB.

CHAPITRE IV.

PARALLÈLES.—THÉORIE.

§ XV.

On nomme *parallèles* deux droites situées dans un même plan, et qui ne peuvent se rencontrer quand on les prolonge indéfiniment.

PREMIER THÉORÈME - POSTULATUM D'EUCLIDE. *Si une droite AC coupant deux autres droites AP et CB, fait avec elles deux angles intérieurs d'un même côté PAC, ACB (fig. 26), l'un droit, l'autre aigu, cette droite prolongée indéfiniment rencontrera CB.*

DEUXIÈME THÉORÈME. *Deux lignes AM et CB (même fig.) perpendiculaires à une troisième AC sont parallèles entre elles;* car si elles se rencontraient en un point, de ce point on pourrait abaisser deux perpendiculaires à une même droite, ce qui ne se peut.

TROISIÈME THÉORÈME. *Une ligne AC (même fig.) perpendiculaire à une droite CB, l'est aussi à sa parallèle AM,* car si elle lui était oblique, d'après le *postulatum,* AM ne serait plus parallèle à CB.

QUATRIEME THÉORÈME. *Quand deux parallèles AB, CD sont coupées par une sécante EF, la somme des deux angles intérieurs d'un même côté BGH, DHG est égale à deux droits (fig. 27).*

Prenez le milieu O de GH, du point O abaissez une perpendiculaire OP sur CD, et prolongez-la jusqu'à sa rencontre en M avec AB, la ligne PM d'après (3) est perpendiculaire à AB, les deux triangles MOG, HOP sont rectangles et égaux, puisqu'ils ont l'hypothénuse égale OG = OH, et un angle aigu égal MOG = HOP; donc:

1° L'angle MGH = GHD. (Ces deux angles se nomment *alternés-internes*).

2° On a HGB + HGA = 2 d., et comme HGA = GHD, il suit HGB + GHD = 2 d. c. q. f. d.

Corollaire. *L'angle FGB égalant AGH, égale aussi FHD; ces deux angles FGB, FHD sont dits* correspondans.

Sixième Théorème. Réciproquement, *quand deux droites coupées par une sécante sont telles que la somme des angles intérieurs vaille deux droits, ou que les angles alternes-internes soient égaux, ou enfin que les angles correspondans le soient, ces deux droites sont parallèles.*

Ces démonstrations sont faciles. (Voir *Legendre.*)

Septième Théorème. *Deux parallèles AC, BD* (28), *comprises entre deux autres parallèles AB et CD, sont égales.*

Tirez AD, les deux triangles ABD, ACD sont égaux, car ils ont

AD commun,

ADC=DAB comme alt.-int.

ADB=DAC *id.*

Donc AB=CD et AC=BD.

Corollaire. *Deux parallèles sont partout également distantes.*

§ XVI.

Application.

1° *Sur le papier. Par le point B, mener une parallèle à la droite CD* (*fig.* 32).

On peut du point B abaisser, par les procédés connus, une perpendiculaire BM sur CD, et au point B élever à BM une perpendiculaire BK, qui sera parallèle à CD.

Ou bien du point O pris sur CD comme centre avec OB pour rayon, décrire un arc de cercle BN; du point N comme centre, avec le même rayon ON, décrire un arc de cercle OK indéfini.

Enfin couper cet arc de cercle avec un arc OI, décrit du point O comme centre avec NB pour rayon, puis joindre le point K d'intersection au point B, BK sera la parallèle demandée.

Mais le mode le plus commode, c'est de placer sur la droite donnée l'hypothénuse d'une équerre, et d'appliquer sur un des côtés de l'angle droit *mn* (*fig.* 33) une règle que l'on fixe avec le doigt, après avoir fait glisser l'équerre sur CD jusqu'à ce que son extrémité passe par le point B ; en tirant une droite suivant *nt*, elle est parallèle à CD. Cette construction est fondée sur l'égalité des angles alternes-externes.

On se sert quelquefois, pour mesurer des parallèles, d'un instrument qu'on nomme *fausse équerre*. Il se compose de deux règles AB, AC (*fig.* 12), qui sont mobiles autour de la charnière avec lesquelles on prend un angle BAC sur une des lignes, le reportant au point donné pour tirer deux parallèles. Cet instrument est très-inexact.

2° *Sur le terrain*. Le moyen le plus simple est de tirer deux perpendiculaires successivement avec l'équerre.

§ XVII.

Quadrilatères.

Tout quadrilatère ABCD (*fig.* 28, 29, 30, 31) est décomposable en deux triangles ABD, ACD par la droite AD, tirée du sommet d'un de ses angles au sommet de l'angle opposé. Cette droite se nomme *diagonale*. On peut toujours tirer deux diagonales (AD et BC) dans un quadrilatère.

Parmi les quadrilatères, on distingue :

Le *parallélogramme* ou *rhombe* (*fig.* 28), qui a ses côtés opposés parallèles.

Le *rectangle*, qui a ses côtés opposés parallèles et ses quatre angles droits (*fig.* 30).

Le *losange*, qui est un parallélogramme dont les quatre côtés sont égaux entre eux (*fig.* 28).

Le *carré*, qui a ses côtés égaux et perpendiculaires (*fig.* 29).

Le *trapèze*, qui n'a que deux côtés parallèles (*fig.* 31).

Théorème. *Dans un parallélogramme ABCD (fig. 28) les côtés et les angles opposés sont égaux.*

Tirez une diagonale AD, les deux triangles ABD, ACD sont égaux, car ils ont : 1° le côté AD commun ; 2° l'angle ADB=DAC comme alternes-internes, et l'angle ADC = DAB pour la même raison.

Donc AB = CD, et AC = BD ;

Donc aussi, l'angle C = B, et l'angle A = D comme formés chacun de deux angles égaux.

Corollaire. *Dans un parallélogramme, les deux diagonales se coupent respectivement en deux parties égales ; dans un losange, elles se coupent, de plus, à angle droit.*

C'est ce qu'on voit par l'inspection des quatre triangles AOB, COD, AOC, BOD (*fig.* 28, 29, 30).

CHAPITRE V.

LIGNES PROPORTIONNELLES.

§ XVIII.

Théorie.

Théorème. *Soient deux droites AB et CE coupées par une troisième RS (fig 34) ; si par deux points O et A pris sur AB on mène deux parallèles OI, AE à RS, elles intercepteront sur les droites AB et CD des parties proportionnelles, c'est-à-dire qu'on aura : RO : OA :: SI : IE.*

En effet, supposons que les deux lignes RO et OA soient *commensurables* entre elles, et que leur rapport soit $\frac{2}{3}$: divisons OR en deux parties égales R*p* et *p*O, divisons ensuite OA en trois parties égales O*l*, *lo*, *o*A.

Par chacun de ces points de division, menons des parallèles à AE, elles intercepteront sur EI trois parties égales E*s*, *su*, *u*I, et sur IS deux parties égales I*q*, *q*S, comme il est aisé de le voir par l'inspection des triangles égaux que l'on obtient en menant par chaque point de division de CE des parallèles S*m*, *qn*... etc... à AB.

Corollaire. *Une parallèle AB, menée par un point A pris sur un des côtés d'un triangle OCD* (*fig.* 35), *divise ses côtés en parties proportionnelles, c'est-à-dire qu'on a : OA : AC :: OB : BD.*

Scholie. La proposition est encore vraie quand on mène une parallèle MG à la base HP d'un triangle par un point M pris sur le prolongement d'un de ses côtés (*fig.* 27), c'est-à-dire qu'on a encore : HO : OG :: OP : OM.

Premier Problème. *Diviser une droite donnée en un nombre quelconque* m *de parties égales ou proportionnelles à des droites données.*

Soit AB (*fig.* 37) une droite à diviser en *m* parties égales, on tirera d'une de ses extrémités A une droite AE faisant un angle arbitraire avec AB, on portera *m* fois sur cette droite une longueur A*u* également arbitraire, et on joindra au point B l'extrémité M des *m* longueurs égales à AU ; si par tous les points de division de AM on mène des parallèles à MB, elles diviseront AB en *m* parties égales.

S'il s'agit de diviser AB en *m* parties proportionnelles à des droites données P, Q, R... V, on portera ces droites, à partir du point A sur AF, à la suite les unes des autres, la dernière tombant en un point M, on tirera MB, et par l'extrémité de chacune des droites P, Q... on mènera des parallèles à MB, qui intercepteront sur AB les longueurs proportionnelles demandées.

Deuxième Problème. *Étant données trois droites P, Q, R, tracer une droite X, telle qu'on ait P : Q :: R : X, c'est ce qu'on appelle trouver une quatrième proportionnelle à trois droites données.*

Tirez deux droites indéfinies sous un angle quelconque AM et AK (*fig.* 36), prenez sur l'une d'elles AK deux longueurs à partir du sommet de l'angle AD = P et DO = Q, et sur l'autre une longueur AB = R; joignez BD, et par le point O menez une parallèle OC à BD, BC sera la droite X demandée ; en effet on a AD ou P : DO ou Q :: AB ou R : BC.

§ XIX.

Application.

I. Quand on a une règle AB (*fig.* 38) graduée en un certain nombre m de parties égales, et qu'on veut prendre une division < qu'$\frac{1}{m}$ de AB, mais qui soit au $\frac{1}{m}$ de AB dans un rapport donné, $\frac{1}{n}$ par exemple, on élevera au point A une perpendiculaire indéfinie AK, sur laquelle on portera n, parties égales de A en O, on joindra OM, AM étant la première des m division de AB; puis par chacun des points de division de OA, on mènera des parallèles à AM $o'c$, $o''c'$, etc... La première de ces parallèles $o'c$ sera le $\frac{1}{n}$ de AM; la deuxième $o''c'$ sera le $\frac{2}{n}$; la troisième sera $\frac{3}{n}$, et ainsi de suite.

L'usage d'une pareille graduation est double, en ce que l'on peut prendre, non-seulement d'un seul coup de compas la $\frac{1}{n}$ partie de AM, mais la $\frac{2}{n}$, la $\frac{3}{n}$ etc... jusqu'à la $\frac{n}{n}$ qui est AM lui-même.

On donne à cette disposition le nom d'*échelle de dixmes*, attendu que l'on divise presque toujours AO en dix parties égales, parce que, dans le système décimal, les fractions à évaluer après AM sont des dixièmes de AM : presque toutes les règles graduées en cuivre portent une *échelle de dixmes*.

(On conçoit très-bien que dans sa construction on pourrait tirer AK sous un angle quelconque avec AB, au lieu de l'élever perpendiculairement. Cette construction, légèrement modifiée, sert à réduire sur-le-champ une longueur prise sur une figure dans un rapport donné $\frac{1}{m}$, lorsqu'on a déjà fait cette réduction pour une première longueur de la même figure.

Supposons que AB (*fig.* 39) soit cette première longueur elle-même; élevons au point A une perpendiculaire AK qui soit le $\frac{1}{m}$ de AB et joignons KB.

Toute longueur BO, BO'..... prise sur la figure donnée et rapportée sur BA, à partir du point B, sera réduite immédiatement à son m^{eme} par la perpendiculaire OM, O'M'..... élevée au point O, O'..... sur M et terminé sur AB. Nous donnerons à cette construction le nom d'*échelle de réduction.*

II. On substitue avec avantage l'usage du *compas* dit *de réduction* à celui de l'échelle de réduction. C'est un compas ordinaire dont les branches AC, CD (*fig.* 47 *bis*) sont prolongées au-delà du sommet de l'angle ACD, en CE et CB, et de telle sorte que la tête C du compas est mobile dans une rainure BM en cuivre ou en bronze, en entraînant avec elle une pièce de cuivre plate qui porte un trait gravé *mn;* une des branches BM de la rainure porte gravés plusieurs traits numérotés auxquels il faut faire correspondre *mn* pour régler les deux branches AC et CB dans un rapport de réduction voulue, ainsi en telle sorte que CB soit, à volonté le $\frac{1}{3}$, le $\frac{1}{4}$.... le $\frac{1}{m}$ de AC. Quand on aura fixé le rapport de AC à CB, à $\frac{1}{m}$ par exemple, toute mesure AD, prise par le compas ACD, sera réduite à son m^{eme} par le compas ECB en EB.

III. Le *compas de proportion* s'emploie pour résoudre les problèmes 1 et 2. Il consiste en deux règles AE, AB (*fig.* 37) s'ouvrant à charnière au point A comme les deux pointes d'un compas. Ces deux règles sont graduées toutes deux. Cet instrument, d'un usage incommode, ne figure plus dans les boîtes de mathématique.

IV. Le *pantographe*, découvert par Buchotte, sert à réduire immédiatement toutes les figures d'un plan P à une échelle plus petite sur un autre plan *p*.

Le voici tel que l'a conçu l'inventeur :

ADEC, CBFG (*fig.* 43) sont deux parallélogrammes dont les bases AC et CB sont bout à bout, et dont les côtés opposés se coupent en M sur le grand plan, et en *m* sur le petit. Aux quatre sommets des deux parallélogrammes, sont des charnières dans lesquelles jouent les règles qui composent les côtés de ces deux figures. On commence par fixer le point M, de façon que les deux longueurs MF, MO soient dans le rapport de réduction voulu $\frac{1}{m}$, et à ce point on attache une pointe qui est destinée à suivre tous les contours des figures du plan P. Au point *m*, on place un crayon ou une plume qui, entraînée par le mouvement du point M, décrit sur le plan p une figure exactement semblable à celle du plan P. Il faut beaucoup d'usage et d'adresse pour se servir convenablement du pantographe.

V. Nous terminons ce livre par quelques mots sur le *comparateur,* instrument destiné à vérifier l'exactitude des mesures linéaires, à constater leurs différences de longueur quand elles sont très-petites, et principalement à diviser une ligne en parties très-petites.

Il consiste en une lame métallique abc (*fig.* 40) recourbée à angle droit en b, dont une extrémité c s'appuie sur une règle métallique graduée MN, et l'autre a sur une aiguille ao fixée à demeure au point a, et faisant avec abc un levier dont le point d'appui est a, et les deux branches ao et abc. Ces deux bras sont, dans un rapport donné, la longueur réelle et efficace du bras abc n'étant pas abc lui-même, mais la prolongation de oa jusqu'à MN...

Le point c, suivant les divisions de la règle MN, fait, quand il parcourt une des divisions de MN, avancer le bras ao d'une longueur qui est le m^{me} d'une division de MN. Si la pointe ao est très-fine, on peut, avec un diamant taillé, diviser la règle OO′ en parties égales très-petites, et telles qu'il en faudrait m pour en faire une de MN.

Les deux autres usages du comparateur sont inverses; sur la règle OO′ est un point fixe en o' et invariable : on fixe l'extrémité d'une ligne au point O′, et son autre extrémité vient s'appuyer en o contre le petit bras du levier.

On observe quelle est la division de MN à laquelle correpond c.

Si l'on soupçonne qu'une deuxième règle diffère quelque peu de la première, et qu'on veuille mesurer cette différence, on porte l'extrémité de cette ligne en o', l'autre extrémité vient s'appuyer contre le point O, et on observe à quelle division de MN correspond le bras bc; si cette division est la même que pour la première ligne, les deux règles sont égales; si elle en diffère, les deux règles différeront d'$\frac{1}{m}$, de $\frac{2}{m}$.... de $\frac{p}{m}$, suivant que le point c aura reculé de 1, 2, 3.... p divisions. Cet instrument sert d'étalon pour les mesures de longueur au Conservatoire des Arts et Métiers.

LIVRE SECOND.

CHAPITRE VI.

FIGURES SEMBLABLES. — SURFACES. — CENTRES DE SIMILITUDE.

§ XX.

Théorie.

Premier Théorème. *Deux triangles ABC, DEF (fig. 44) sont semblables quand ils ont les angles égaux.*

Sur le côté AB du plus grand triangle, je prends une longueur AM = DE, sur AC je prends AK = DF, et je joins MK; le triangle AMK ainsi formé est égal au triangle DEF, comme ayant un angle égal compris entre côtés égaux.

Mais à cause des angles *correspondans* égaux en M et en B, les lignes MK et BC sont parallèles; donc les parties interceptées AM, MB, AK, KC sont proportionnelles.

Deuxième Théorème. *Deux triangles ABC, DEF (même fig.) sont semblables quand ils ont un angle égal A = D, compris entre côtés proportionnels* $\frac{AB}{DE} = \frac{AC}{DF}$.

Construisons comme ci-dessus le triangle AKM = DEF, les côtés AM, MB, AK, KC étant proportionnels, la droite MK sera parallèle à BC, d'où l'égalité des angles suivra B=M, C = K comme correspondans.

Troisième Théorème. *Deux triangles ABC, DEF (même figure) sont semblables quand ils ont les trois côtés proportionnels, savoir:* $\frac{AB}{DE}=\frac{AC}{DF}=\frac{BC}{EF}$.

Construisons sur EF le triangle EPF, équiangle avec ABC, il sera égal à DEF, car, d'un côté, l'on a BC : EF :: AB : EP, et de l'autre, BC : EF :: AB : DE; donc DF=EP : on prouvera de même qu'on a FP = DF ; le triangle DEF est donc équiangle avec ABC, donc il lui est semblable.

Scholie. Ces théorèmes donnent trois modes de construction pour faire un triangle semblable à un triangle donné ABC (*même fig.*).

1° On tracera une ligne EF qui sera à BC dans le rapport choisi pour la réduction; puis, aux points E et F, on fera des angles égaux à B et à C.

2° On fera en un point E un angle égal à l'angle A ; sur l'un de ses côtés, on prendra une longueur EF qui sera à la ligne BC dans le rapport voulu par la réduction, puis sur l'autre côté, une longueur ED qui sera quatrième proportionnelle aux trois lignes AB, EF et AC, et l'on joindra FD.

3° On prendra une longueur EF qui sera à BC dans le rapport voulu par la réduction. Du point E comme centre, avec un rayon qui sera à AB dans le même rapport, on décrira un arc de cercle ; du point E comme centre, avec un rayon qui sera à AC dans le même rapport, on décrira un autre arc de cercle : le point d'intersection de ces deux arcs sera le sommet du triangle cherché.

§ XXI.

Mesures des surfaces.

Mesurer une surface, c'est chercher combien cette surface contient de fois l'unité de surface (l'unité de surface étant représentée par un carré dont le côté est l'unité de longueur). Mais cette recherche de mesure, qui serait très-difficile et même impossible à exécuter avec des instrumens, s'abrège par le calcul au moyen des principes suivans.

Premier Théorème. *Un rectangle contient autant de fois l'unité de longueur qu'il y a d'unité dans le produit de sa base par sa hauteur.* Ce qui s'exprime plus simplement en disant que le rectangle *a pour mesure de surface le produit de sa base sa hauteur.*

En effet, soit le rectanclé ABCD (*fig.* 45).

Supposons que sa base CD contienne six fois l'unité de longueur, et que sa hauteur AC la contienne cinq fois.

Si par chacun des points de division de CD, nous élevons des perpendiculaires à CD, nous décomposerons le rectangle ABCD en six rectangles égaux ACMN, MM'N', M'N'M''M'', etc.

Si maintenant par chacun des points de division de AC; nous élevons des perpendiculaires à AC, elles formeront, dans chacun des six rectangles précédens, cinq carrés égaux CMOP, OPO'P', etc., qui ont tous pour côté l'unité de longueur.

Le rectangle total ABCD contiendra donc cinq fois six de ces carrés.

Donc, il a pour mesure 5×6 ou sa base multipliée par sa hauteur[1].

Deuxième Théorème. *Un parallélogramme ABCD* (*fig.* 46) *a pour mesure le produit sa base par sa hauteur.*

En effet, il est équivalent au rectangle BAMN qui a même base AB, et même hauteur AM ; puisque ce rectangle excède le parallélogramme du triangle BDN égal au triangle ACM, que le parallélogramme a lui-même en plus du rectangle.

Troisime Théorème. *Tout triangle a pour mesure le produit de sa base par la moitié de sa hauteur.*

En effet, tout triangle ABC (*fig.* 47) est la moitié du parallélogramme ABCD, qui a même base et même hauteur.

Quatrième Théorème. *Tout trapèze a pour mesure la demi-somme de ses bases par sa hauteur.*

En effet, tirez par le point A (*fig.* 48) la parallèle AM à BD, le trapèze sera décomposé en un triangle ANC et en un parallélogramme ABDN, et sa surface sera égale à la somme de ces deux surfaces.

Or, surface de $ANBD = AB \times AM$, surface de $ACN = CN \times \frac{1}{2} AM$ ou $= \frac{1}{2} CN \times AM$.

Donc, surface $ABCD = (AB + \frac{1}{2} CN) \times AM$.

---

[1] Cette proposition, que nous ne démontrerons ici que dans le cas où la base et la hauteur sont *commensurables* entre elles, est également vraie quand elles sont incommensurables. (Voir Liv. V).

Mais AB + $\frac{1}{2}$CN = $\frac{1}{2}$(AB + CD).

Donc, la surface du trapèze est $\frac{1}{2}$ (AB + CD) × AM, ce qu'il fallait faire voir.

Scholie. Quand on réduit les dimensions d'une figure dans une certaine proportion $\frac{1}{m}$, la surface, enveloppée par son contour, est réduite au carré, c'est-à-dire à $\frac{1}{m^2}$; On trouvera facilement la preuve de cette assertion en considérant un carré dont le côté est le double, le triple, etc... du côté d'un autre carré. Il est aisé de voir, par la décomposition, qu'il renferme, suivant ces différens cas, quatre fois, neuf fois, seize fois, etc... la surface de ce deuxième carré.

Cinquième Théorème. *Le carré construit sur l'hypothénuse d'un triangle rectangle, est égal*[1] *à la somme des deux carrés construits sur les deux autres côtés.*

Construisez sur l'hypothénuse AC (*fig.* 49) le carré ACHK, et sur les deux autres côtés BC et AB les carrés correspondans BCED, ABFG; abaissons les perpendiculaires BM sur AC, et prolongeons-la jusqu'à sa rencontre en L avec HK, le carré AHKC se trouve ainsi décomposé en deux rectangles AMLH, MLKC; joignons GC et BH, les deux triangles BAH, GAC sont égaux, car ils ont : BA = GA et AC = AH, comme côté d'un même carré, et l'angle compris BAH = GAC, comme composés chacun d'un angle droit augmenté du même angle BAC.

Mais le triangle GAC est moitié du carré BAGF, comme ayant même base et même hauteur, et le triangle BAH est la moitié du rectangle AMHE, comme ayant même base et même hauteur; AMHL égale donc ABFG, puisque leurs moitiés sont égales.

On prouvera, par une construction semblable, que le carré CD égale le rectangle MK.

Donc, la somme des deux rectangles AL et CL ou le carré de l'hypothénuse AC, vaut la somme des deux carrés AF, CD construits sur les deux autres côtes, ce qu'il fallait démontrer.

Scholie. Ce théorème est de la plus haute importance, puisqu'il donne le moyen d'introduire le calcul dans la géométrie. En effet,

---

[1] Il ne faut considérer le mot *égal* que sous le rapport de la surface, et non sous celui du contour et des angles : on dirait mieux *équivalent*.

quand on connaîtra en nombres deux côtés quelconques d'un triangle rectangle, on pourra toujours calculer le troisième.

Soient a l'hypothénuse, b et c les deux autres côtés, l'on a

$$a^2 = b^2 + c^2,$$

$$\text{D'où } a = \sqrt{a^2 + b^2}.$$

Donc, étant donnés les deux côtés de l'angle droit d'un triangle rectangle, on aura l'hypothénuse, en prenant la racine carrée de la somme des carrés des deux côtés connus.

Si c'était l'hypothénuse a et l'un des deux côtés de l'angle droit, b par exemple, que l'on connût, on aurait l'autre c en retranchant du carré de l'hypothénuse le carré du côté donné, et prenant la racine carrée du résultat. En effet de l'égalité

$$a^2 = b^2 + c^2, \text{ on tire}$$

$$c^2 = a^2 - b^2, \text{ d'où}$$

$$c = \sqrt{a^2 - b^2}.$$

§ XXII.

Des polygones. — Centres de similitude.

Un *polygone* est l'étendue comprise par plusieurs lignes droites, qui se coupent.

Un polygone est dit *convexe* quand une ligne droite ne peut le couper en plus de points, et *concave* dans le cas contraire. Un polygone convexe a tous ses angles *saillans*, un polygone *concave* a un ou plusieurs angles rentrans.

Cette définition s'étend aux courbes. Un polygone a au moins trois côtés, car deux lignes droites ne peuvent renfermer une étendue.

On sait qu'on désigne un polygone par le nom grec, du nombre de ses côtés, à la suite duquel on ajoute la terminaison générique : *gône* (côté).

Sont exceptés de cette règle les polygones de

trois côtés qu'on appelle *triangle*, et celui de quatre, *quadrilatère*.

Ainsi :

Polygones de	Noms.	Observations.
5 côtés*.	Pentagone.	Sont marqués d'un astérisque ceux dont l'usage est le plus fréquent. Le mot polygone lui-même veut dire figure de plusieurs côtés, *polus* voulant dire *plusieurs*.
6 côtés*.	Hexagone.	
7 côtés	Eptagone.	
8 côtés*.	Octagone.	
9 côtés	Nonagone.	
10 côtés*.	Décagone.	
. . . .	. . . .	
15 côtés*.	Penté décagone.	
etc.	etc.	

Premier Théorème. *La somme des angles intérieurs d'un triangle vaut deux angles droits.*

En effet, par l'un des sommets C (*fig.* 44), tirez CH parallèle à l'un des côtés AB, et prolongez BC, vous aurez ACI=ABC, comme alterne-interne, ABC = HCV comme correspondans, la seconde des trois angles ACB+ACI+HCV, qui vaut deux droits, est donc égale à celle des trois angles A+B+C ; donc...

Deuxième Théorème. *Un polygone ABCDEFG* (*fig.* 50) *a pour mesure de la somme de ses angles intérieurs ABC, BCD....., etc..... autant de fois deux angles droits, moins quatre, qu'il a de côtés.*

En effet, si par un point O intérieur on mène des lignes à tous les sommets OA, OB..., on décomposera le polygone en autant de triangles qu'il a de côtés *m* : la somme des angles des côtés *m* triangles sera 2 *m angles droits*, desquels il faut retrancher quatre angles droits qui sont la somme des angles autour du point O qui n'appartiennent pas aux angles intérieurs du polygone ; donc ..

Scholie. I. Le point O, au lieu de se trouver dans l'intérieur du polygone, pourrait se trouver sur l'un des sommets O (*fig.* 51), et alors le polygone serait décomposé en autant de triangles, moins deux, qu'il a de côtés; la somme des angles de ces triangles $2m-4$, serait aussi celle des angles du polygone.

II. Ce point O joue, dans le premier cas, le rôle d'une espèce de centre, et la décomposition, opérée par les lignes rayonnantes OA et OB, etc. (*fig.* 50) peut servir, non-seulement à mesurer la surface du polygone, comme nous le verrons plus tard, mais à lui construire des polygones semblables en prenant sur ces lignes rayonnantes, au moyen de l'échelle de réduction, des longueurs proportionnelles OA', OB'..... ou OA''OB''. On voit qu'en unissant AB', B''C'', etc...., on obtient deux polygones AB.... ou A''B''.... semblables, puisqu'ils sont chacun la somme de triangles semblables et distribués dans le même ordre.

III. La même construction serait applicable dans le cas où le point O serait sur un des sommets, en considérant les lignes OA et OD comme lignes rayonnantes elles-mêmes (*fig.* 51). Elle serait encore applicable si le point O était extérieur, ainsi que le fait voir, sans plus grande explication, la figure 52.

Dans tous les cas, ce point O se nomme *centre de similitude interne ou externe*, suivant sa position; et de ce que nous venons de dire, on peut conclure que deux *polygones sont semblables lorsqu'après avoir mené d'un centre de similitude des lignes rayonnantes à leurs sommets, les longueurs de ces lignes sont proportionnelles :* proposition très-remarquable, et qui sert de base à la théorie des courbes semblables.

On peut abréger la construction lorsque les deux polygones sont dans un même plan, puisque les lignes AB, A'B', etc... sont parallèles, et qu'il suffit alors, après avoir déterminé un des sommets A, si le point O est donné, ou le point O, si c'est l'un des sommets, que l'on connaît de mener par A', AB' parallèle à AB B'C' à BC' etc...

Mais si l'on doit par un point A', pris sur un autre plan que le polygone ABCD, etc..... ou bien sur le même plan, mais tel que le polygone à tracer ne doive pas avoir la même situation relative, construire un deuxième polygone semblable au premier, il faudra se servir de la première construction. Ainsi, supposons que par le point *a* (*fig.* 53) il faille construire un polygone semblable à ABCD, mais dans une position inverse, c'est-à-dire que le point *a*, au lieu de correspondre à A, corresponde au point D, on divisera ABCD en triangles OAB, etc.

On tirera une ligne *ao'* proportionnelle à DO, on mènera *ad* qui fasse avec *ao* un angle *oad* = à *ODA*, on prendra *ad* proportionnelle à AD, on joindra *o'd* qu'on prendra proportionnelle à AO, etc., ainsi de suite.

Ces deux polygones se trouvaient dans une position qu'on nomme *symétrique*. Nous reviendrons plus tard (Livre V) sur l'acception qu'on doit donner à ce mot.

Du reste, il y a beaucoup d'autres manières de construire un polygone semblable à un autre. (Voy. *coordonnées.*)

§ XXIII.

On nomme *polygone régulier* celui qui a tous ses côtés et tous ses angles égaux entre eux.

D'après cette définition, le *triangle équilatéral* et le carré sont des polygones réguliers.

Polygone inscrit à un cercle, celui dont tous les sommets touchent intérieurement la circonférence de ce cercle.

Polygone circonscrit, celui dont les côtés touchent extérieurement a la circonférence.

Si l'on divise un cercle en *m* parties égales, et qu'on unisse entre eux successivement les points de division, le polygone inscrit qui en résultera sera un polygone régulier.

En effet, d'abord tous les côtés sont égaux entre eux comme soutendant des arcs égaux, puis tous angles ABC, BCD... etc., (*fig.* 54) sont égaux comme inscrits dans des arcs égaux.

Scholie. I. Si au milieu K de AB on élève une perpendiculaire, elle passera par le centre O, ainsi que toutes celles OK' OK''... élevées sur le milieu des autres côtés. De plus, il est aisé de voir que ces perpendiculaires sont toutes égales. Le polygone ABCD étant la somme des triangles AOB, BOC, etc... qui ont tous pour mesure AB $\times \frac{1}{2}$. OK a donc pour mesure de surface *m fois AB multiplié par la moitié de OK.* On a donné à la hauteur OK le nom d'*apothème*, la mesure de surface d'un polygone régulier égale le produit de son périmètre par la moitié de son apothème.

II. Si du point O centre, avec OK pour un rayon, on décrit une circonférence de cercle, elle passera par tous les points K, K'... et sera par conséquent tangente à tous les côtés du polygone ABC ; le polygone lui sera donc circonscrit.

On peut donc encore dire que la surface d'un polygone régulier est égale au produit de son périmètre par la moitié du rayon du cercle inscrit.

Ces deux remarques nous donnent le moyen :

1° D'inscrire ou de circonscrire un cercle donné à un polygone régulier d'un nombre de côtés donnés ;

2° D'inscrire ou de circonscrire un cercle à un polygone régulier donné.

Remarquons, de plus, qu'on peut aisément construire un polygone régulier quand on connaît son côté et le nombre m de ses côtés.

Car la somme des angles intérieurs de ce polygone $= (2m - 4)$. L'angle que deux de ses côtés font entre eux égale donc :

$$\left(\frac{2m - 4}{m}\right) \text{droits.}$$

Donc à l'une des extrémités du côté donné, on fera un angle $= \left(\frac{2m - 4}{m}\right)$, on prendra sur le deuxième côté de cet angle une longueur égale au côté donné, à l'extrémité de cette longueur, on fera un angle égal au premier, et ainsi de suite.

III. On peut user de la même construction pour faire un polygone régulier égal ou semblable à un polygone régulier donné, en prenant dans le deuxième cas les côtés proportionnels, au lieu de les prendre égaux.

Mais il est bien plus simple de circonscrire un cercle au polygone régulier donné, de décrire avec le même rayon ou avec un rayon proportionnel, dans le deuxième cas, un cercle égal ou semblable au premier, et de diviser ce deuxième cercle en autant de parties égales qu'il y a de côtés dans le polygone donné ; de cette manière les centres des deux cercles sont pour les deux polygones des centres de *similitude* internes.

On voit donc de quelle importance il est de savoir, au moyen de la règle et du compas, diviser un cercle en un nombre quelconque m de parties égales.

Anciennement, on ne savait résoudre ce problème que pour les polygones de 3, 4, 5, 6, 8, 10 et 15 côtés, et pour tous ceux d'un nombre de côtés double, quadruple, etc., de ces nombres. *Gauss*, dans ses (*disquisitiones Arithmeticæ*), avait donné le moyen très-compliqué d'inscrire aussi le polygone régulier de dix-sept côtés et de $(2m+1)^p$ côtés, $2m+1$ étant un nombre impair. Mais on est redevable à *M. Ampère* d'une méthode bien simple pour résoudre le problème d'une manière générale.

Voici quelle est la construction dont nous ne donnerons pas la démonstration trop compliquée pour de simples élémens.

« Pour diviser un cercle en *m*, parties égales, » on divisera le diamètre AB (*fig.* 55) en *m*, parties » égales, sur ce diamètre, on construira un triangle » équilatéral ATB. Du sommet T de ce triangle, » on mènera des lignes aux divisions du diamètre, » mais seulement de deux en deux, c'est-à-dire en » passant une M'M'' entre deux consécutives AM'', » M'M'''. Ces lignes prolongées jusqu'à leur ren- » contre avec la $\frac{1}{2}$ circonférence vont la diviser en » *m* parties égales AD, DD... etc. »

Il existe des procédés plus simples pour les divisions élémentaires de la circonférence.

Ainsi la division d'un cercle en quatre parties égales s'opère par deux diamètres perpendiculaires AB, CD (*fig.* 56), et ACBD est le carré ou polygone régulier de quatre côtés inscrits.

On démontre aussi que l'hexagone régulier inscrit, a son côté égal au rayon du cercle circonscrit. Il suffit donc pour l'inscrire de porter six fois sur la circonférence la longueur du rayon.

L'apothème OM d'un polygone inscrit étant prolongé jusqu'à sa rencontre P avec la circonférence, divisera l'arc AC en deux parties égales, AP sera donc le côté du polygone régulier inscrit d'un nombre de côtés double O à AC, ou dans cet exemple particulier de l'octogone inscrit.

On voit donc que quand on sait inscrire un polygone régulier de m côtés dans la circonférence, on peut, par de simples divisions successives binaires d'arcs, pousser la division de circonférence, non-seulement à l'inscription du polygone régulier de $2m$ côtés, mais à toutes les divisions qui sont comprises dans la formule suivante :

$$m \times 2^p,$$

p représentant un nombre quelconque.

Et réciproquement, pour inscrire dans la circonférence un polygone régulier d'un nombre de côtés deux fois, quatre fois, huit fois..... etc.... moindre que ceux d'un polygone régulier déjà inscrit, il suffit d'unir successivement, par des cordes, les sommets des polygones inscrits de deux en deux.

On concevra facilement quelles seront les opérations à faire sur les polygones réguliers circonscrits pour arriver aux mêmes résultats.

Ainsi AB (*fig.* 57) étant le côté d'un polygone régulier inscrit de m côtés dans le cercle dont le centre est O.

CD est le côté du polygone régulier circonscrit de m côtés.

AT ou BT le côté du polygone régulier inscrit de $2m$ côtés, EF ou deux fois AE le côté du polygone régulier circonscrit de $2m$ côtés.

Remarques.

Le carré et l'hexagone sont deux polygones qu'on peut appeler primitifs, tant à cause de la facilité de leur inscription que de l'usage immémorial qu'on en fait pour calculer la surface du cercle au moyen de leurs polygones-réguliers dérivés d'un nombre de côtés double... ou sous-double...

On les rencontre tous deux à chaque instant dans la nature; beaucoup de minéraux ou sels cristallisent en prismes hexagonaux. Enfin ce polygone a été employé avec un admirable instinct par les abeilles, dans la construction de leurs alvéoles.

Sans entrer dans de grands détails à ce sujet (voir, au reste, *Géométrie de M. Desdouits*), nous dirons seulement, ainsi que le fait voir la *fig.* 58, que pour assembler, en renfermant un espace et sans laisser aucun vide autour d'un polygone régulier donné, d'autres polygones égaux et encadrés l'un dans l'autre, il n'y avait de choix à faire qu'entre le carré, le triangle équilatéral et l'hexagone; que l'hexagone qu'elles ont choisi pouvait seul résoudre le problème qui, selon Mauperthuis, est celui que la nature s'est proposé :

Faire dans le moins de temps, avec le moins de matiere, le plus d'ouvrage.

Énoncé dont le but rentre tout-à-fait dans ce qu'il appelle la *quantité moindre d'action* ou *l'économie de mouvement.*

— Outre les polygones réguliers dont nous avons parlé, il en existe d'autres qui ont aussi leurs angles et leurs côtés égaux, mais dont ces côtés se coupent entre eux de manière à donner à ces polygones la forme d'une étoile; on les nomme, pour cette raison, *polygones étoilés.*

Nous n'en citerons qu'un exemple. En divisant le cercle en cinq parties égales, et unissant les divisions de deux en deux, on obtiendra un pentagone régulier étoilé ABCDE (*fig.* 59).

CHAPITRE VII.

MESURE DU CERCLE. — NOMBRE π. — QUADRATURE... ETC...

§ XXIV.

Il est aisé de voir que quand on a inscrit et circonscrit à un cercle un polygone régulier de *m* côtés, et qu'on lui inscrit et circonscrit successivement des polygones réguliers d'un nombre de côtés double, quadruple, etc... les périmètres de ces polygones réguliers tendent de plus en plus à se rapprocher l'un de l'autre, et à se confondre avec la circonférence qui est leur limite commune. Il en est de même des surfaces de ces polygones relativement au cercle. Sous ce rapport, on peut considérer la circonférence de cercle comme un polygone régulier d'un *nombre infini* de côtés *infiniment* petits, dont l'apothème n'est autre que le rayon, et qui par conséquent a pour mesure de surface le produit de son périmètre par la moitié de l'apothème, ou la circonférence par la moitié du rayon.

Il n'est pas aisé de mesurer, par des procédés graphiques une circonférence ou une courbe quelconque.

Il serait donc très-important de pouvoir déterminer la circonférence du cercle quand on connaît son rayon ; c'est-à-dire de connaître le *rapport d'une circonférence à son rayon*, puisque toutes les circonrences assimilées à des polygones réguliers sont dès-lors semblables, c'est-à-dire qu'elles sont toutes proportionnelles à leurs rayons. Au lieu de chercher le rapport de la circonférence au rayon, on a cherché celui de la circonférence au diamètre qui en est le double ; on l'a appelé Π première lettre du mot grec *periferia*, et qui veut dire *circonférence.*

D'après cela, on peut écrire *r*, étant le rayon.

$$\text{Circ.} : 2\,r :: \Pi : 1 \quad \text{ou bien} : \frac{\text{circ.}}{2r} = \Pi$$

D'où circ. $= 2\,\Pi\,r$, ce qu'on savait déjà. Mais en multipliant par $\frac{1}{2}$ r les deux membres de cette dernière égalité, il vient circ. $\times \frac{1}{2}\,r = 2\,\Pi\,r \times \frac{1}{2}\,r$

$$= \Pi\,r^2$$

Or, cir. $\times \frac{1}{2}$ r, c'est la surface du cercle ; on obtient donc cette surface, *soit en multipliant la circonférence par la moitié du rayon* (*ce qui suppose qu'on connaît la circonférence*), *soit en multipliant le carré du rayon par* Π, *ce qui suppose qu'on connaît* Π.

Mais cette égalité surface du cercle $= \Pi r^2$ va nous donner d'elle-même le moyen de calculer Π.

En effet, supposons-y $r = 1$, elle revient à surface du cercle $= \Pi$.

C'est-à-dire que le rapport qu'on cherche de la circonférence au diamètre est égal à la surface du cercle, dont le rayon est pris pour unité.

La question se réduit donc à exprimer cette surface d'une *manière approximative*, parce que la circonférence est *incommensurable avec son rayon.*

Pour cela, on inscrira dans la circonférence un des polygones réguliers élémentaires, et on lui circonscrira le polygone régulier correspondant, pourvu qu'on puisse calculer en fonction du rayon les surfaces de ces deux polygones, entre lesquelles est comprise celle du cercle, par exemple le carré, l'hexagone.

On prendra les moyennes des deux surfaces, et on aura celle du cercle avec une approximation grossière.

Maintenant il existe un théorème au moyen duquel étant donnés les surfaces A et B des polygones réguliers inscrits et circonscrits de m côtés, on peut calculer avec elles celles A' et B' des polygones réguliers inscrits et circonscrits de $2m$ côtés, car l'on à

$$A' = \sqrt{A \times B} \text{ et}$$

$$B' = \sqrt{\frac{A + A'}{2}}$$

On fera donc ce calcul pour le cas dont il s'agit, et en prenant la moyenne des deux nouvelles surfaces, on aura, avec une approximation un peu plus grande celle du cercle.

On continuera le même calcul pour les polygones réguliers inscrits et circonscrits d'un nombre de côtés quatre fois, huit fois, etc., plus grand, dont les surfaces différeront de moins en moins l'une de l'autre en se rapprochant toujours du cercle, et la différence des surfaces des polygones où l'on sera arrivé, donnera la limite de l'erreur que l'on commettra en prenant leur moyenne pour celle du cercle.

Ce procédé fut, pour la première fois, employé par Archimède, qui basa son travail sur l'hexagone et ses dérivés, et donna pour Π le nombre $\frac{22}{7} = 3,1412.....$

Les Indiens, probablement par la même méthode, arrivèrent au nombre un plus approché $\frac{333}{106}$=3,14150. Adrien Métius, mathématicien postérieur à Archimède, trouva le nombre $\frac{355}{113}$ qui est facile à retenir par la disposition de ses chiffres, à l'aide d'une opération mnémonique.

Écrivez de suite les trois premiers nombres impairs 11 33 55.

Séparez-les par un trait au milieu, en mettant dessous les trois premiers, vous avez $\frac{355}{113}$=3,14159...

Les auteurs modernes, basant leur travail sur le carré et ses dérivés, sont arrivés, en abrégeant quelquefois par des procédés que nous ne pouvons détailler, à un résultat qui passe de beaucoup toutes les exigeances du calcul, c'est-à-dire à ajouter 144 décimales à la suite du nombre 3. Voici les premières : $\Pi = 3,1415926.....$

Carrer un cercle, c'est lui faire un carré équivalent, ce qui ne peut se faire qu'en prenant pour côté de ce carré la racine du nombre qui exprime la surface dudit cercle. Or, comme on vient de voir qu'il est impossible d'exprimer exactement en nombre la surface d'un cercle dont le rayon est connu, mais que pour les usages les plus rares mêmes il ne reste rien à désirer sous le rapport de l'approximation, il convient de laisser la ridicule recherche de ce problème à ceux qui n'ont rien de mieux à faire, de pair avec celle de la *panacée universelle*, de la *pierre philosophale*, etc.

CHAPITRE VIII.

DES COURBES EN GÉNÉRAL.

§ XXV.

Nous avons défini la courbe, *trace d'un point qui dévie à chaque instant de sa direction*, et comme le point est une ligne droite infiniment petite, on voit que la courbe n'est qu'une ligne brisée ; ce n'est qu'en la considérant sous ce point de vue qu'on peut calculer mathématiquement sa surface et sa longueur. Ainsi, nous avons assimilé le cercle à un polygone régulier (§ 24).

Ces définitions adoptées par les anciens, repoussées dans la Géométrie de Legendre, et réhabilitées par l'école moderne, nous paraissent au moins aussi logiques que celles qui nous apprenaient que la ligne courbe n'est ni droite ni brisée. Elles sont d'ailleurs fondées sur l'explication de tous les mouvemens curvilignes qui ont lieu dans l'univers.

En effet, ces mouvemens s'opèrent en vertu de la double action d'une impulsion primitives et d'une force incessante : telle la courbe que vomit un mortier, attirée à chaque instant sur la terre par l'attraction, au lieu de parcourir une ligne droite, décrit une courbe parabolique en retombant.

Et en général, soit un corps A soumis à l'action d'une force incessante dont l'intensité est représentée par la droite Af (*fig.* 28), c'est-à-dire telle qu'elle ferait parcourir la longueur Af dans l'unité de temps au corps A, et recevant en même temps un choc qui le pousse en y avec l'intensité Ay. Ne pouvant suivre à la fois les deux directions Af et Af, le corps A, d'après les lois de la statique, parcourt la diagonale du parallélogramme construit sur ces deux forces, et arrive en F. A ce point, s'il n'était pas soumis à la force incessante, il continuerait à suivre cette diagonale selon les lois du mouvement uniforme : mais en F, nouvelle force d'attraction ; Ff', nouvelle déviation, suivant la diagonale du deuxième parallélogramme, et ainsi de suite. L'attraction étant continue, chacune de ces diagonales est infiniment petite, et leur suite constitue la courbe parcourue. Au moment où, par une cause quelconque, la force continue serait supprimée, le corps A quitterait la courbe en s'échappant suivant la direction de la dernière diagonale ou du dernier élément, direction *tangente* à la courbe, puisque chacun des élémens est infiniment petit. C'est ce qui arrive à une pierre lancée avec la fronde.

On nomme *normale* d'une courbe la droite qui est perpendiculaire à l'une de ses tangentes.

Les courbes régulières sont celles qui sont décrites d'un mouvement continu, comme le cercle, l'ellipse, etc... ; les courbes irrégulières n'ont d'autres lois que le caprice ou le hasard, elles ne peuvent être soumises à l'analyse géométrique.

— Nous allons entrer dans quelques détails sur les courbes, car nous regrettons de voir combien ce paragraphe de la science est tronqué dans les cours élémentaires.

La courbe qui s'élève grandiose aux belles voûtes de Saint-Pierre, qui se replie avec grâce aux volutes ioniques, et qui s'arrondit pour la volupté sur le sein de la Vénus de Médicis, ne méritait pas cette indifférence.

Occupons-nous d'abord des courbes composées d'arcs de cercle raccordés, et dont on fait usage à chaque instant dans les arts; l'architecture, etc....

Voici les plus communes :

1° *La spirale* (*fig.* 60). Après avoir décrit, avec un rayon OA choisi convenablement, une demi-circonférence, on augmente l'ouverture de compas d'une longueur AB quelconque, et avec OB pour rayon, on décrit une seconde demi-circonférence qu'on fait raccorder avec la première en M, on augmente encore le rayon de la même quantité, et on décrit une troisième demi-circonférence qu'on raccorde avec la deuxième, et ainsi de suite. Chaque tour de compas se nomme une *spire*.

Cette courbe est la base des volutes qui décorent les chapiteaux ioniques et corinthiens.

2° *La rosace*. Divisez une circonférence en six parties égales, et placez-vous successivement à chaque point de division, en y décrivant une demi-circonférence, vous obtiendrez une rosace (*figure* 61).

Cette ligne multiforme, considérablement variée et entrecoupée d'arcs, de cercles symétriques, est un des plus beaux ornemens des cathédrales gothiques. Celles de Notre-Dame de Paris et de Rheims sont des plus remarquables.

3° *L'ogive* se compose de deux arcs de cercle qui se coupent AO et BO (*fig*. 62) au point O; la verticale passe par le point O, et les deux arcs sont symétriques des deux côtés de cette ligne OM.

Deux lignes parallèles AX, BY se raccordant aux points A et B, soutiennent cette courbe qui est le type de toutes les voussures gothiques, comme le plein cintre l'est de celles de l'architecture grecque, et l'anse de panier de celles de l'architecture de la renaissance.

4° *L'anse de panier*. C'est un ovale bâtard.

Voici la manière de le construire :

Soient F et F′ (*fig*. 63) deux points tels que leur distance soit à peu près le tiers du grand axe de l'anse de panier à décrire, décrivez un triangle équilatéral sur FF.

Du sommet T comme centre, avec TM = 2TF pour rayon, décrivez un arc de cercle MM′ terminé au prolongement de TF′.

Du sommet T′ comme centre, avec le même rayon, décrivez l'arc M″M‴ = MM′.

Du point F comme centre, avec FM pour rayon, décrivez l'arc MM″ terminé aux prolongemens T′F et de TF.

Du point F′ comme centre, avec le même rayon, décrivez un angle égal M′M″.

L'ensemble de ces quatre arcs, qui se raccordent aux points M, M′, M″, M‴, forme l'anse de panier.

Cette courbe est employée très-fréquemment dans les arts, notamment dans la menuiserie.

Il y a beaucoup d'autres combinaisons d'arcs de cercle raccordés, soit entre eux, soit par l'intermédiaire d'autres lignes ou d'autres courbes; il faut recourir pour les connaître aux traités spéciaux des arts auxquels elles appartiennent.

Néanmoins nous offrirons dans les figures 64 et 65 quelques détails de *moulures* et le dessin d'une *feuille d'astragale*, bien que ces objets ne soient que du dessin linéaire.

Nous pensons, du reste, qu'il est inutile de dire que toutes ces courbes, composées de raccordemens, cessent d'être des courbes suivant la définition géométrique, puisqu'elles ne sont pas décrites d'un mouvement continu, mais elles le sont encore à l'œil, et cela suffit pour leur conserver le nom.

On appelle *pistolet* une pièce de bois plate et mince AB (*fig.* 66) terminée par des lignes courbes qu'on peut faire raccorder entre elles. Il y en a de différentes formes.

CHAPITRE IX.

THÉORIE GÉOMÉTRIQUE DES COURBES RÉGULIÈRES.

§ XXVI.

Parmi les courbes régulières, nous n'avons à nous occuper que des trois célèbres nommées *sections coniques, l'ellipse, la parabole* et *l'hyperbole.*

Quand on coupe un cône OAB (*fig.* 67) par un plan CC′ parallèle à sa base, la section CC′ est un *cercle.*

Quand on le coupe par un plan C′M incliné à sa base, la section C′M est une *ellipse,* sorte de cercle alongé à deux axes, ou pour mieux parler, un cercle est une ellipse dont les deux axes sont égaux.

Quand on le coupe par un plan NP parallèle à l'une de ses arêtes, la section offre l'image d'une ellipse dont les deux branches ne se rejoindraient pas; on la nomme *parabole.*

Enfin si la section est inclinée à l'arête sans la couper de manière que, prolongée, elle irait rencontrer le plongement du cône en B′, la courbe est composée de deux branches opposées par leur convexité : on la nomme *hyperbole.*

Ce fut une idée féconde en heureux résultats que celle des sections coniques.

Nous allons examiner successivement ces différentes courbes.

1° *Le cercle* a été étudié avec assez de détails, tant pour la rectification de sa circonférence que pour sa quadrature, pour qu'il y ait besoin d'y revenir ici.

2° *L'ellipse.* D'après la nature même de la section, la courbe se trouve partagée symétriquement par deux *axes* AB, DE (*fig.* 68), l'un AB dans le plan des deux arêtes AC, CB ; l'autre ED perpendiculaire à ce plan sur le milieu de AB.

Ces deux axes prennent aussi le nom de *diamètres*, AB se nommant le grand diamètre, et DE le petit diamètre, parce que de tous les diamètres MM' (c'est-à-dire lignes divisant l'ellipse en deux parties symétriques) AB est le plus grand, et EB le plus petit. Le point O se nomme *centre* ou point d'intersection de tous les diamètres.

La propriété fondamentale de l'ellipse dont nous ne pouvons ici donner la démonstration, est qu'à égale distance du centre, sur le grand axe, se trouvent deux points FF' (*fig.* 69), tels que *la somme des deux lignes FM, F'M, menées de ces deux points à un point M quelconque de l'ellipse, est toujours la même.*

Ces deux points se nomment *foyers*. Cette somme est constamment égale à la longueur AB du grand axe, puisque la propriété étant vraie pour les points A et B, on a :

$$FB + F'B = FM + F'M,$$

Mais $F'B = FF' + FB$,

Et comme $FB = F'A$,

$$FB + F'B = AB, \text{ c. q. f. d.}$$

Il y a un moyen bien simple de construire une ellipse fondée sur cette propriété : on fixe une pointe à chacun des deux points F, F', et on prend une corde de la longueur de deux fois FA, que l'on noue en deux, on fait entrer les pointes dans cette double corde, et on la tend avec une troisième pointe M qu'on fait tourner autour des deux premières, en tenant toujours la corde tendue. Dans sa révolution elle décrira l'ellipse.

Il existe un instrument au moyen duquel on peut décrire l'ellipse d'un mouvement continu, et qui est à l'ellipse ce que le compas est au cercle. Nous le nommerons *ellipsographe*[1].

*a*Q est un carré (*fig.* 70); dans les rainures des diagonales glissent deux règles *ab*, *ba'* égales en longueur aux demi-diagonales. Aux points *m* et *m'* milieux de ces deux règles sont deux vis qui tiennent une branche *mm'* à laquelle s'adapte un porte-crayon ou tireligne C; en fixant le centre de l'instrument au centre de l'ellipse à tracer,

---

[1] Il n'est pas à notre connaissance que cet instrument ait été décrit dans aucun traité antérieur ; néanmoins, nous sommes loin de revendiquer les honneurs de sa découverte. Il nous a été communiqué par un menuisier non géomètre qui l'a fabriqué lui-même.

et en faisant décrire à la pointe de C sa révolution autour de l'instrument, l'ellipse est tracée.

Le porte-crayon C glisse le long de la branche mm'C, ce qui permet de décrire des ellipses de toutes grandeurs ; elles sont toutes semblables.

PREMIER THÉORÈME. *Si l'on joint un point quelconque M (fig. 71) de l'ellipse à l'un des deux foyers f, et qu'on prolonge la ligne fM d'une quantité MG égale à FM, et qu'ayant tiré GF, on lui mène du point M la perpendiculaire MOT, cette dernière sera tangente à l'ellipse,* c'est-à-dire NE LA RENCONTRERA QU'AU SEUL POINT M. (BÉZOUT, *Navigat...*)

En effet, à cause des lignes égales MF et MG, la ligne MT est perpendiculaire sur le milieu de GF. Par conséquent, si d'un autre point N de cette ligne, on mène deux droites NG et NF, elles seront égales. Supposons donc que MT pût rencontrer l'ellipse en quelque autre point N, alors en tirant NF, il faudrait que FN + N*f* pût égaler MF + M*f* ou GM + M*f* ou G*f*. mais G*f* est plus petit que GN + N*f*, et par conséquent que FN + N*f*; donc, le point N est hors de l'ellipse.

Les angles FMO, OMG sont égaux d'après la construction qu'on vient de donner; or OMG est égal à *f*MN comme opposé au sommet : donc

$$FMO = fMN, \text{ donc}$$

les deux lignes qui vont d'un même point de l'ellipse aux deux foyers font des angles égaux avec la tangente.

PREMIER PROBLÈME. *Soient deux points A, C, hors d'une droite donnée ED, trouver sur cette droite un point D, tel que l'angle ADE=l'angle CDM (figure 72).*

Abaissons la perpendiculaire AE sur ED, et prolongeons-la d'une quantité EB égale à elle-même ; joignons BC.

Il est facile de démontrer que le problème sera résolu : en effet, les deux triangles AED, EBD étant égaux, les angles *ADE*, EDB et par conséquent sont opposés au sommet *CDM* sont égaux.

Remarquons, en outre, que la somme des quantités AD + DC est un *minimum*, c'est-à-dire qu'elle est plus petite que la somme des deux droites analogues menées par un autre point P de ED : car joignons BP, on a

$$CB < CP + BP \text{ ou}$$
$$AD + CD < AP + CP, \text{ c. q. f. d.}$$

Ce problème est fort remarquable. Le point D est celui où un corps, parti du point A, irait frapper la ligne ED pour revenir au point C; l'angle ADE se nomme *angle d'incidence*, et l'angle *CDM angle de réflexion;* c'est une loi de physique que quand un choc a lieu par un corps élastique, l'angle d'incidence est égal à l'angle de réflexion, et de plus la somme des lignes parcourues est un *minimum*. Exemple : — Le *choc par bandes au billard.*

Soit E'D' une autre droite tirée dans le même plan que ED, en telle sorte que si on cherche sur E'D' un point D' qui jouisse, relativement aux points A et C, de la même propriété que le point D, la somme des droites AD' + D'C soit égale à celle des droites AD et DC..., et qu'on continue à tirer des autres droites E'' D'', E'''D''', telles que les sommes AD'' + D''C... AD''' + D'''C....., etc., soient toutes égales à la somme primitive AD + DC, la série de tous les points D, D', D''... unis par un trait continu, donnera une *ellipse.*

Les lignes ED, E'D'... sont *tangentes* à cette courbe, c'est-à-dire qu'elles n'ont qu'un point de commun avec elles, ou plutôt qu'elles sont *la prolongation d'un des élémens rectilignes de la courbe.*

Les points *A* et *C* sont les *foyers;* on voit de suite combien ce nom est bien appliqué, puisque tout corps qui partirait de l'un d'eux pour aller frapper la courbe, irait se repercuter sur l'autre.

Lorsque deux observateurs se trouvent dans une salle dont la voûte est un *ellipsoïde* creux, chacun à l'un des foyers de cette courbe, et qu'ils se parlent à voix basse, en sorte qu'un observateur placé à côté d'eux à un autre point n'entende absolument rien, tous les sons vont se repercuter à eux clairs et intenses. (Salle du Conservatoire des Arts et métiers, à Paris.)

Cette propriété sert encore à expliquer les phénomènes que présentent la chaleur et la lumière dans les miroirs concaves. (Expérience de Leslie.)

Deuxième Problème. *Mener à l'ellipse une tangente par un point donné sur cette courbe (fig. 73.)*

Soit une ellipse FF', dont F et F' sont les deux foyers, soit M le point par lequel on veut lui mener une tangente, joignons FM, F'M, prolongeons F'M d'une quantité MQ = à FM, et joignons FQ; du point M, abaissons une perpendiculaire MT sur FQ, ce sera la tangente demandée. En effet, l'angle FMT est bien égal à F'MO.

Tout diamètre divise l'ellipse en deux parties symétriques, c'est-à-dire que si une ligne quelconque AB menée dans l'ellipse est divisée en deux parties égales par le diamètre CD, toutes les parallèles

A'B', A"B"..... etc..... à AB seront aussi divisées en deux parties égales par ce diamètre (*fig.* 74).

Parmi toutes ces lignes, celle qui passe par le centre O, et qui est aussi un diamètre uni à CD, prendra le nom de son *diamètre conjugué*, et réciproquement CO est dit le diamètre conjugué de OX.

La tangente CT menée au point C est aussi parallèle au diamètre conjugué de CD.

Les deux axes de l'ellipse sont conjugués entre eux.

—Par ce qui précède, on pourra facilement, quand une ellipse est décrite sans ses axes ni ses foyers, par exemple au moyen de l'ellipsographe, trouver ses axes et son centre.

On mènera deux parallèles (*fig.* 75) AB, A'B' dans l'ellipse, et on prendra leurs milieux par lesquels on tirera une droite CD qui sera un diamètre. Le milieu O de ce diamètre sera le centre de l'ellipse, si par le point O, on mène une parallèle EF aux cordes AB... EF sera le diamètre conjugué de CD.

Après cela, on cherchera par tâtonnemens du point O comme centre, avec une ouverture de compas qu'on augmentera graduellement, un point M, tel qu'à partir de ce point la distance d'un point pris sur l'ellipse au centre O diminue.

OM étant un maximum est le demi-grand axe. Le petit axe s'obtiendra par une perpendiculaire au point, O.

Maintenant, pour trouver les foyers, on démontre (*algèbre appliquée*) que *le demi-petit axe est une moyenne proportionnelle entre les distances d'un même foyer aux deux sommets A et B.*

On décrira donc une circonférence de cercle sur le grand axe.

Par l'extrémité M (*fig.* 76) du petit axe, on mènera une parallèle au grand axe, qui sera en même temps tangente à l'ellipse; elle coupera la circonférence aux deux points P et P'. Si de ces deux points on abaisse des perpendiculaires sur AB, ces perpendiculaires détermineront les deux foyers.

En effet, on a

$$AF : PF :: PF : FB.$$

$$\text{Or } PF = MO;\ \text{donc... etc... etc...}$$

Remarque. Les longueurs QF, Q'F se nomment *paramètres* du grand axe. Ce sont les deux sommets du *rectangle inscrit* à l'ellipse QQ'Q"Q"', le *rectangle circonscrit*, étant RR'R"R".

La surface de l'ellipse est comprise entre les deux cercles inscrits.

et circonscrits décrits sur les deux axes. En appelant *a* le grand axe, et *b* le petit axe, les surfaces de ces deux cercles sont πa^2 et πb^2.

On démontre, par une considération un peu longue de ces deux cercles ce que le lecteur avait probablement saisi au premier abord, que la surface de l'ellipse est de πab, c'est-à-dire *qu'il faut multiplier le produit de ses deux axes par 3,1415... pour avoir sa surface.* Nous n'en donnerons pas la démonstration.

Deux ellipses qui ont les axes proportionnels sont semblables. Cette proposition sert à construire une ellipse semblable à une ellipse donnée.

Les usages de l'ellipse sont très-fréquens dans l'architecture. L'ellipse est la courbe que décrivent tous les corps célestes les uns autour des autres, attirés par la gravité et mus par une impulsion primitive. Dans la marine, on l'emploie à déterminer les diamètres moyens des mâts, les projections des lisses... etc...

3° *La parabole*, ainsi que l'ellipse, se trouve partagée en deux parties symétriques par le plan des deux arêtes SB, SC, dont l'intersection AE lui sert d'axe (*fig.* 77).

La propriété fondamentale de cette courbe, est qu'à une certaine distance du point se trouvent, de part et d'autre sur le grand axe, deux points F et T (*fig.* 78), tels que tout point M de la parabole est également distant de F et de la perpendiculaire TV élevée au point T sur AB.

La longueur entière MM' de la perpendiculaire élevée au point F sur AB se nomme le *paramètre* de la parabole. On démontre que le paramètre est quadruple de la distance du *sommet* A au *foyer* F.

On peut décrire la parabole d'un mouvement continue, en employant une équerre VH*f* (*fig.* 79) : on attache sur un point quelconque *f* d'une des branches de cette équerre l'extrémité d'un fil de longueur égale à *f*H, et ayant attaché l'autre extrémité au point F, on applique, par le moyen d'une pointe M, une partie du fil contre fH, et tenant toujours le fil tendu, on fait glisser l'autre côté de l'équerre, le long de ZX, la pointe M dans ce mouvement trace la parabole MA.

Nous n'entrerons pas dans de plus grands détails sur cette courbe dont les usages sont encore assez fréquens :

En astronomie, pour calculer la marche des comètes, parce qu'elle se prête mieux aux calculs que l'ellipse ;

En physique, pour les miroirs concaves et réfléchissant ;

Dans la marine, pour tracer le *maître couple* des vaisseaux, etc. ;

Enfin, cette courbe est celle que décrit dans le vide la bombe sortant du mortier, et généralement tout corps lancé.

4° *L'hyperbole*. L'hyperbole, de même que les trois autres courbes, est divisée en deux parties symétriques par l'axe AB (*fig.* 80).

Les points A et B étant ses sommets, le milieu O de la distance AB s'appelle *centre*. Toute ligne menée du point O et terminée à l'hyperbole MM', s'appelle diamètre ; l'hyperbole jouit de la même propriété que l'ellipse, relativement aux *diamètres conjugués*.

La propriété fondamentale de cette courbe est que sur l'axe à égales distances des points A et B, et dans la concavité des deux branches de la courbe, se trouvent deux points F et F' qu'on nomme *foyers*, tels que la différence des lignes MF, MF' menées d'un point M de la courbe à ces deux foyers, est toujours constante et toujours égale à AB.

Elle donne le moyen graphique de décrire la courbe par un mouvement continu.

On fixera au point *f* une règle indéfinie qui puisse tourner autour de ce point. Au point F et à l'un des points Q de cette règle, on attachera les extrémités d'un fil FMQ moins long que *f*Q, et dont la différence avec *f*Q sera égale à AB ; alors, par le moyen d'une pointe ou style M, on appliquera une partie MQ (*fig.* 81) du fil contre la règle. Faisant mouvoir la pointe de M vers A, en tenant toujours le fil tendu, la règle s'abaissera, la partie FM diminuera, et la pointe décrira l'hyperbole. En effet, il est évident que la totalité *f*Q ou *f*M+MQ étant toujours de même grandeur, et FM + MQ étant aussi toujours de même grandeur, leur différence *f*M + MQ — FM — MQ ou *f*M—FM, sera aussi toujours de même grandeur.

Nous terminerons l'histoire de cette courbe par un fait singulier, dont on ne peut acquérir la certitude que par le calcul.

Parmi les lignes menées du point O à l'hyperbole (*fig.* 82), il en est deux, AB, CD, qui ne lui sont point tangentes, qui ne la rencontrent pas, et qui pourtant se rapprochent d'elle toujours de plus en plus. Ces sortes de lignes se nomment *asymptotes*. On explique leur position paradoxale en disant qu'elles vont toucher la courbe à l'infini.

Assez dit sur une ligne dont on a peu l'occasion de se servir dans la géométrie élémentaire, si ce n'est pour marquer sur un cadran solaire la courbe décrite par l'ombre du style pendant toute l'année, toutes les fois que le soleil passe devant le méridien.

§ XXVII.

Toutes les autres courbes géométriques régulières, c'est-à-dire qu'on peut décrire d'un mouvement continu, sont comprises dans l'énoncé suivant :

Toute courbe est engendrée par la révolution d'un point autour d'un axe suivant une loi donnée.

Ainsi, le cercle est engendré par la révolution d'un point toujours à égale distance de l'axe et dans un plan perpendiculaire à cet axe.

L'ellipse, par la révolution d'un point dont la somme des distances à deux points fixes de l'axe, est toujours la même, et se mouvant dans le même plan, etc... etc...

Parmi les courbes remarquables, comme faisant époque dans l'histoire de la géométrie, nous citerons :

1° *La chaînette*, découverte en 1692 par Jacques Bernouilli.

C'est la courbure que doit prendre une chaîne attachée fixement par ses deux extrémités également pesante en toutes ses parties, dont chaque partie est tirée en bas par son propre poids, et en même temps retenue par des pointes fixes.

Cet illustre auteur commençait alors ses recherches et ses découvertes sur la courbure que prendrait une lame à ressort, dont une extrémité serait attachée fixement sur un plan, et l'autre porterait un poids. Il fit voir que si une voile, qui, enflée par un vent horizontal se courberait en chaînette, était soumise à l'action d'un liquide qui pesât sur elle verticalement, elle se courberait comme une lame à ressort ou en *élastique*, car c'est le nom qu'il donne à cette courbe.

« Ces démonstrations, dit Fontenelle, ne sont pas de simples jeux » de géométrie estimables seulement par leur difficulté, elles peuvent » entrer dans des questions délicates de physique ou de mécanique, » quand il faudra connaître avec précision l'action des liquides ou » des poids. »

2° *La loxodromique*, qui est la courbe décrite par un vaisseau qui suit toujours un même *rhumb* de vent ; cette courbe fait un même angle avec tous les méridiens.

3° Les courbes engendrées par la rotation de deux courbes égales et semblables l'une par l'autre.

4° La courbe de *plus vite descente* d'un corps tombant obliquement à l'horizon, découverte à la fois en 1697 par Newton, Leibnitz Bernouilli et le marquis de l'Hôpital, etc... etc...

5° La *conchoïde* de Nicomède (280 av. J.-C.) et la *cissoïde* de Dioclès (460 av. J.-C.), etc... etc...

§ XXVIII.

Toutes les courbes étant considérées comme des suites infinies de lignes droites infiniment petites, et les espaces qu'elles comprennent comme une infinité d'espaces infiniment petits, tous terminés par des lignes droites, on voit que pour résoudre mathématiquement le problème de leur rectification et de leur quadrature, il s'agit de trouver la somme d'une infinité de nombres en série déduits l'un de l'autre, suivant une certaine loi.

La solution de ce problème commence vers la fin du XVII° siècle (1680), par la découverte du *calcul différentiel* ou *des infiniment petits*, faite principalement par Leibnitz, consignée dans ce Recueil si intéressant des *Actes de Leipsick*, et poursuivie par ce corps de savans remarquables, tous contemporains : les Bernouilli, l'Hôpital, etc... etc... Wallis... Newton... etc. etc...

Archimède paraît avoir trouvé la somme des termes d'une progression géométrique infinie décroissante, et l'avoir appliqué à la quadrature de la parabole.

Là, se trouve la limite des modernes avec les anciens. La règle et le compas ne peuvent plus avancer sans le calcul, et l'introduction de cette arme puissante dans la géométrie opère dans la science un progrès que l'esprit ose à peine concevoir.

CHAPITRE X.

CENTRES DE SIMILITUDES. — APPLICATION.

§ XXIX.

Pour trouver la longueur d'une courbe, et le moyen de la décrire, il faudra nous contenter d'une approximation en prenant des points rapprochés de cette courbe, et c'est à quoi l'on arrive au moyen des deux méthodes suivantes : *les centres de similitude et les coordonnées.*

Soit une courbe quelconque AB (*fig.* 83), et un point O intérieur à cette courbe. Si de ce point, on mène des lignes droites à différens points A, C, B..... de la courbe, le point O jouera relativement à AB considérée comme polygonale, le rôle d'un *centre.*

Si maintenant par un point *o* on mène une suite de lignes *oa*, *ob*, *oc*....., qui fassent entre elles les mêmes angles que les lignes OA, OB.....; si, de plus, on prend sur les lignes des longueurs *oa*, *ob*, *oc*..... proportionnelles ou égales aux longueurs OA, OC, OB, la courbe produite par la suite de traits *ab*, *bc*, *cd*..... sera semblable ou égale (dans le deuxième cas) à la courbe ABCD...

En effet, si l'on rapportait le point *o* en O, et les distances *oa*, *ob*, etc..... sur OA, OB....., le point *o*, confondu avec O, serait pour les deux courbes considérées comme lignes brisées, un *centre de similitude* interne ou externe, suivant leur position.

Étant donc donnée une courbe ABC..... sur le terrain ou sur le papier. pour la copier, on prendra une suite de points A, B, C. . . . . assez rapprochés sur cette courbe, pour que les distances AB, BC..... comprises entre deux de ces points consécutifs, puissent être considérées sensiblement comme une ligne droite, puis on les unira tous à un même point O, et on relèvera l'ensemble des triangles OAB, OBC....., en prenant leurs bases AB, BC..... et leurs hauteurs, c'est-à-dire en mesurant les longueurs des perpendiculaires abaissées, comme on le sait faire du point O sur leur base.

On aura ainsi, pour la longueur de la courbe, la somme des lignes droites AB, BC, CD,... etc... et pour la surface comprise entre la courbe, le point O et les deux rayons extrêmes, la somme des surfaces des triangles OAB, OBC..... etc.

Et enfin, quand on voudra copier la courbe par un point *a* pris sur le papier, on tirera une ligne *ao*, dont la position sera déterminée par celle que la courbe doit occuper. On prendra *oa* = à OA, ou dans un rapport donné avec OA, s'il faut réduire.

On tirera *ob* sous un angle *boa* avec OA = BOA, on tirera *oc*, *od*, etc...... d'une manière semblable, et le trait continu *abcd*..... sera la courbe demandée. Il faut avoir soin, dans les raccordemens des lignes *ab*, *bc*....., de ne pas trop prononcer les angles *abc*..... etc....., la courbe étant sensée être décrite d'un mouvement continu, ou du moins devant paraître telle à l'œil.

—L'extension de ces idées, au levé des lignes et des points de toutes les figures qui se trouvent dans un même plan, est bien simple.

On choisit un ou plusieurs centres de figure dans l'espace qu'on doit lever, soit sur le terrain pour le mesurer et le dessiner, soit sur le papier pour en faire une copie ou une réduction.

Soient A, A′, A″ (*fig.* 84) ces centres de figures, on mène d'un de ces points A aux deux extrémités de chacune des lignes droites ou sensiblement droites de la partie de la figure qui environne le point A, des lignes rayonnantes AB, AC......., et on lève chacun des triangles ABC......., en abaissant sa hauteur et la mesurant, ainsi que sa base, ou bien en relevant les angles CAB, etc....... au graphomètre, et mesurant les longueurs AB, AC.......

On opèrera de même à l'égard de chacun des centres A′ A″, et on liera ces centres entre eux par des lignes droites AA′......., dont on mesurera bien exactement les longueurs et les angles.

Puis, pour copier cette figure, on commencera par établir les points *a*, *a′*....... sur le papier, en tirant des lignes *a′a*....... parfaitement égales ou proportionnelles aux lignes AA′......., etc., et sous les mêmes angles, on construira ensuite tous les autres points de la figure par la méthode des centres de similitude autour des centres *a*, *a'*......., et il ne restera plus, pour la confection du dessin, qu'à lier ensemble, par des lignes droites, les points ainsi obtenus.

Quant à la surface de l'espace qu'on a mesuré, elle sera égale à la somme des triangles en lesquels on l'aura décomposée, et qui seront tous mesurés.

On peut encore obtenir la position d'un point A par un double centre de similitude B, B' (*figure* 85).

Il faut pour cela mesurer la base BB' du triangle ABB', et deux autres des élémens de ce triangle, et lui construire après un triangle semblable *abb'*

Ce procédé doit être employé pour obtenir la position des points inaccessibles. En effet, on prendrait alors, au moyen du graphomètre, les deux angles ABB', BB'A, et l'on pourrait, connaissant la base BB', calculer ou dessiner toutes les autres parties du triangle ABB'.

On conçoit dès-lors qu'on peut aisément mesurer des distances inaccessibles AB (*fig.* 87), et la surface de tout un espace inacessible ABCD...

En effet, chaque point A, B...... étant déterminé par un triangle AOO' au moyen du graphomètre, on prendra *oo'* dans un certain rapport $\frac{1}{m}$ avec OO', chaque point *a*, *b*, *c*..... homologue de A, B..... se trouvera à la rencontre des côtés des angles faits au moyen des rapporteurs égaux à AOO', AO'O..... etc....., et l'on aura ainsi tracé sur le papier la figure *abcd*....... semblable à ABCD..... et réduite au $\frac{1}{m}$. On prendra la surface de la petite figure, et en la multipliant par *m*, on aura celle de la grande.

— L'instrument qu'on nomme *planchette*, et qui sert à dessiner immédiatement, dans une réduction donnée, la série de tous les signes et points d'une figure plane, a été construit d'après cette dernière notion du double centre de similitude.

Il consiste en une planche horizontale *ts* (*figure* 88) qui repose sur un trois pieds et qu'on munit d'un niveau à bulle d'air, pour s'assurer de sa position horizontale. Aux deux points *t* et *s* de la planche se trouve une alidade garnie de pinnules et propre à relever les angles que font sur le terrain les points A, B, C..... avec la ligne *ts*. On fixe une feuille de papier sur la planche, et l'on fait choix de deux points M et P sur le terrain, pour servir de base d'opération sur le terrain, et tels que de chacun d'eux l'on puisse apercevoir tous les points A, B, C..... du terrain à lever.

On se place successivement aux points M et P, en relevant les angles AMP, BMP, etc..... avec l'alidade *t* et les angles APM, BPM, etc..... avec l'alidade *s*. Les lignes MA, MB....., PA, PB....., se couperont sur le papier aux points *a*, *b*, *c*....., qui seront les homologues de A, B, C.....

Les points M et P sont les centres de décomposition sur le terrain, et les points *t* et *s* les centres de décomposition semblables sur le papier.

Reste à trouver la réduction du levé qui est égal à $\frac{MP}{ts}$. Ainsi, lorsque MP est de 50^m, et ts de 0^m,5, la réduction est d'$\frac{1}{100}$.

Enfin, la détermination de l'ensemble de tous les points d'un plan se peut faire avec la *boussole*, en prenant avec cet instrument l'angle que fait chaque point avec le méridien d'un endroit arbitraire, qui sera autant que possible au centre de la figure; le centre de la boussole correspondant à ce point jouera, relativement à la figure levée, le rôle d'un centre de similitude interne.

La boussole est un cercle gradué au centre duquel se trouve une aiguille aimantée qui, comme on le sait, jouit de la propriété de se tourner toujours, non pas vers le pôle, mais dans la direction d'un méridien variable, nommé *méridien magnétique*, et dont la longitude est actuellement 21°—1'. La quantité angulaire dont l'aiguille aimantée varie pour se reporter d'un point dans la direction duquel on l'avait placée, vers le pôle magnétique, donne, augmentée de 22°—1', l'angle que ce point fait avec la ligne nord-sud.

CHAPITRE XI.

DÉTERMINATION PAR LES COORDONNÉES DES POINTS SITUÉES DANS UN MÊME PLAN.

§ XXX.

On nomme *projection* d'un point A (*fig.* 89) sur une ligne, le pied de la perpendiculaire abaissé de ce point sur cette ligne.

Cette perpendiculaire s'appelle *ligne de projection*, et sa longueur, du point donné A au pied de la perpendiculaire, se nomme *coordonnée* du point A.

Enfin, la ligne CD, sur laquelle est abaissée la perpendiculaire AM, se nomme *axe de coordonnées*.

La position de la projection d'un point sur l'axe, et la longueur de sa coordonnée, donnent la position de ce point sur le plan.

On voit donc que la position d'un point A sur un plan n'est pas complètement déterminée par une coordonnée, puisqu'une coordonnée AM ne représente que l'ensemble de tous les points situés sur la parallèle par le point A à l'axe.

Il faut, de plus, un point fixe O sur l'axe, à partir duquel on puisse prendre les distances des pieds des coordonnées des points AA'.....

Ces distances sont toutes perpendiculaires à la ligne YY' parallèle aux cordonnées des points A..... prenant par le point O.

Cette ligne YY' sera donc un deuxième axe de cordonnées auquel nous rapporterons les distances des pieds des projections M, M' à l'axe, *ces distances n'étant autres que les longueurs des projections AN, A'N' etc. sur l'axe YY'.*

Ces secondes coordonnées AN..... s'appellent *abscisses*, les premières AM..... s'appellent seulement *ordonnées*, et l'on conserve le nom générique de *coordonnées* pour l'ensemble des abscisses et des ordonnées d'un point.

Le point O se nomme *origine des coordonnées*.

Premier Théorème. *Tout point A est déterminé de position sur un plan PQ par ses deux coordonnées AM et AN.*

En effet, sur l'axe OX, à partir du point O, prenez une longueur OM = AN.

Sur l'axe des ordonnées OY, prenez une longueur ON = AM; aux points M et N, élevez des perpendiculaires aux deux axes respectifs, leur intersection donnera le point A.

Scholie. Le point O étant fixe, et les deux axes YY' XX' qui se coupent perpendiculairement étant indéfinis, il s'ensuit qu'ils interceptent l'espace entier du plan PQ par quatre angles droits YOX, YOX', X'OY', Y'OX.

Il s'agit de savoir dans lequel de ces quatre angles se trouvera le point M, et on ne pourra le connaître qu'au moyen de la convention suivante :

On appellera *ordonnées positives* toutes celles qui seront au-dessus de l'axe *xx*-, et on les affectera du signe +.

On appellera *ordonnées négatives* celles qui seront au-dessous de l'axe *xx*-, et on les affectera du signe —.

On appellera *abscisses positives* toutes celles qui seront comptées, soit sur l'axe XX', soit sur ses parallèles à la droite de l'axe YY', et on les affectera du signe +.

On appellera *abscisses négatives* toutes celles qui seront comptées, soit sur l'axe XX', soit sur ses parallèles à la gauche de l'axe YY', et on les affectera du signe —.

Ainsi soit *a* l'ordonnée d'un point M et *b* son abscisse.

+ *a* et + *b* désigneront un point qui se trouvera dans l'angle YOX à la rencontre des deux perpendiculaires élevées sur les deux axes à des distances *a* et *b* de l'origine O.

+ *a* et — *b* désigneront un point situé de la même manière que le premier, mais dans l'angle YOX'.

— *a* et — *b* désigneront un troisième point à égales distances des axes que les deux premiers, mais dans l'angle X'OY'.

Enfin — *a* et + *b* désigneront un troisième point à égales distances des axes que les trois premiers, mais dans l'angle Y'OX.

Conséquences. I. Une ligne droite est déterminée de position sur un plan, quand on connait les coordonnées de deux de ses points, et de grandeur quand ce sont celles de ses deux points extrêmes.

II. Un cercle est déterminé quand on connaît la *projection* de son rayon sur les axes, c'est-à-dire les coordonnées du centre et de l'extrémité de son rayon.

On nomme *projection* d'une ligne A sur une autre B la longueur interceptée sur B par les pieds des perpendiculaires abaissées des deux points extrêmes de A sur B, ou de deux points quelconques de A sur B, quand la ligne A est indéfinie.

Cette définition s'applique aux courbes et aux droites. D'après cela, on voit que la projection d'une ligne est la somme des projections de tous ses points.

Une ligne quelconque est toujours déterminée par ses projections sur les deux axes; car en élevant des ordonnées et des abscisses à des distances peu éloignées, leurs points d'intersection unis par un trait continu retraceront la courbe d'autant plus fidèlement, que les coordonnées seront plus rapprochées l'une de l'autre.

Et c'est en effet le seul moyen qu'on ait pour tracer, par cette méthode, toutes les courbes irrégulières, car les courbes régulières se tracent facilement quand on connaît les projections de leurs axes et de quelques points particuliers, ainsi que nous l'avons vu plus haut pour le cercle, et que nous pourrions le voir avec autant de facilité pour les trois autres courbes dont nous nous sommes occupés spécialement, l'ellipse, le parabole et l'hyperbole.

Problème d'application.

Étant tracée une courbe ABC..... (fig. 90), soit sur le terrain, soit sur le papier, en faire une copie exacte autant que possible, et sur laquelle on puisse mesurer la longueur de la courbe ABC..... et l'étendue qu'elle renferme.

On commencera par choisir un point convenable O pour l'origine des coordonnées, c'est-à-dire qui soit à peu près le centre de figure, à moins qu'on ne veuille, dans le courant de l'opération, changer l'un des axes de coordonnées ou tous les deux à la fois, ce ce qui se fait : 1° pour que toutes les coordonnées soient positives ; 2° pour ne pas avoir de trop grandes distances à mesurer quand les points à lever s'éloignent des axes. Du reste, on prend les coordonnées de points assez rapprochés pour que la portion de courbe qu'ils renferment puisse sensiblement être considérée comme droite. Les perpendiculaires s'élèvent, comme on le sait, avec une équerre en bois sur le papier, ou avec une équerre d'arpenteur sur le terrain, et on les mesure avec une chaîne ou avec un double décimètre. L'étendue de la courbe se trouve ainsi décomposée en une série de trapèzes ou de triangles faciles à mesurer, puisque leurs bases sont les abscisses et leurs hauteurs les ordonnées.

— On applique plus fréquemment la méthode des coordonnées que celle des centres de similitude, parce qu'elle ne nécessite l'emploi d'autre instrument que de l'équerre et de la chaîne. Les résultats obtenus sont d'ailleurs plus exacts que lorsqu'on est obligé de lever des angles avec des instrumens souvent mal disposés. Néanmoins, on peut varier, suivant les usages auxquels le levé est destiné, le mode d'opération qu'il convient d'employer.

Quand on n'a besoin que d'un aperçu de la topographie d'une portion de pays comme renseignement ou pour avoir tout d'abord l'ensemble d'un travail, on se sert de la planchette.

On aura une topographie très-exacte en prenant tous les points de détails avec un bon graphomètre, les bases ayant été préalablement mesurées avec grand soin ; on doit même employer cet instrument quand on opère en détail sur des lignes rayonnantes dont les abords sont inaccessibles, comme les allées d'une forêt.

Enfin la méthode des coordonnées ou l'équerre pour le levé de parcelles de territoire.

—Nous avons supposé, dans tout ce qui précède, que l'ensemble des points à relever était dans un même plan, ce qui n'arrive que pour des portions peu étendues, d'abord à cause de la courbure de la terre, ensuite à cause des montagnes et aspérités. On sait que la terre est un ellipsoïde de révolution autour de son petit axe; mais comme le rayon est de 1500 lieues, et la différence des deux axes d'$\frac{1}{333}$, on peut dire que dans une circonférence de 3 lieues en pays plat, le plan horizontal ou celui qui est perpendiculaire à la verticale, se confond sensiblement avec la surface sphérique de la terre; l'erreur que causerait cette hypothèse, ne proviendrait que des montagnes et autres accidens de terrain, car, bien que ces aspérités soient presque insensibles en les comparant au diamètre terrestre, elles causeraient les erreurs les plus notables si on les considérait comme horizontales dans une circonscription étroite. Nous verrons au Liv. III (*Figures dans l'espace*) le moyen d'obvier à ces inconvéniens basé sur les propriétés des *projections* des solides sur un plan horizontal ou vertical.

Note. I. Les plus heureux résultats des coordonnées sont ceux qu'on a obtenus en représentant, par des quantités littérales, les coordonnées des différens points, ces quantités exprimant le rapport des longueurs de ces coordonnées à l'unité de longueur. D'après cela, on a établi que si une ligne étant donnée et rapportée à des axes, on pouvait trouver une relation entre les coordonnées d'un point de cette ligne, relation qui fût la même pour tous ses points, cette relation pourrait s'écrire par une *équation*. Ainsi, la ligne droite qui couperait en deux parties égales l'angle yox (*fig.* 89) aurait, pour chacun de ses points, l'ordonnée égale à l'abscisse, et son équation serait

$$y = x,$$

y représentant l'ordonnée, et x l'abscisse d'un même point, équation que l'on nomme du *premier degré*, parce que les quantités indéterminées et inconnues y et x n'y entrent qu'à la première puissance.

Si l'on voulait, étant donnée l'équation

$$y = x,$$

construire la droite qu'elle représente, on donnerait à x une valeur quelconque m, et on trouvera pour y la même valeur ou réciproquement.

Si l'on y fait $y = o$, on aura $x = o$; d'où il suit que la ligne droite passe par le centre, etc.

L'équation

$$y - b = x + a$$

serait celle de la ligne, telle que *l'abscisse de chacun de ses points augmentée de a égalerait l'ordonnée diminuée de b.*

Cette ligne sera aisée à construire; en donnant deux valeurs m et n à x, on aura deux valeurs correspondantes pour y, m et n. Connaissant les coordonnées m, n, m', n' de deux points, on construira ces deux points, et on les unira. Cette ligne ne passe pas par le centre; car pour $x = o$, on a $y = a + b$, mais elle s'élève au-dessus du centre d'une hauteur $= a + b$.

— Une ligne droite étant donnée, on peut calculer son équation, ce qui peut aider à découvrir plusieurs propriétés que l'on n'aurait pu trouver par les propriétés élémentaires des lignes, et réciproquement l'équation d'une ligne droite étant donnée; on peut construire cette ligne, et pratiquer sur elle des opérations géométriques, par exemple lui mener une perpendiculaire, une parallèle, etc.....

Les mêmes conclusions sont applicables aux courbes élémentaires, à l'exception qu'elles sont représentées par une équation du second degré, c'est-à-dire où les inconnues entrent à la deuxième puissance, équation dans laquelle à une valeur arbitraire donnée à x, correspondent deux valeurs de y, parce qu'il faut quatre points pour la détermination de ces courbes.

Nous regrettons que les bornes qu'il a fallu poser à cet ouvrage nous empêchent d'entrer dans quelques détails sur ce sujet intéressant. Nous aurions désiré donner les démonstrations des théorèmes que nous n'avons pu qu'énoncer pour les courbes du deuxième degré ; mais nous renverrons le lecteur à l'ouvrage de *M. Lefebvre de Fourcy*, intitulé : *Géométrie analytique*, qui traite cette partie de la science que l'on appelle aussi *Algèbre appliquée à la Géométrie.*

II. Les coordonnées sur les surfaces sphériques sont de la plus haute importance, puisque c'est par leur moyen qu'on détermine la position des points sur la sphère terrestre, et des astres sur la sphère céleste ; seulement elles changent de nom, et s'appellent l'abscisse, *longitude*, ou sur le ciel *déclinaison;* et l'ordonnée, *latitude*, ou sur le ciel, *ascension droite;* la circonférence de l'équateur et le *premier méridien* étant les axes. (Voir l'*Uranographie de Francœur.*)

FIGURES DANS L'ESPACE.

LIVRE TROISIÈME.

CHAPITRE XII.

SOLIDES. — THÉORIE.

§ XXXI.

Plans. — Mesure des angles dièdres. — Plans perpendiculaires. — Parallèles.

PREMIER THÉORÈME. *Deux lignes qui se coupent déterminent la position d'un plan.*

En effet, menons un plan par la ligne AB (*fig.* 4), et faisons-le tourner sur AB comme charnière, jusqu'à ce qu'il vienne à renfermer CD ; alors il est arrêté à demeure et fixé de position, car il ne peut en changer sans quitter CD.

Axiôme. *L'intersection de deux plans est une ligne droite.*

Deuxième Théorème. *Une ligne droite AB (fig. 85) est perpendiculaire à un plan, quand elle l'est à deux droites BC, BE qui passent par son pied dans le plan.*

Menez une droite arbitraire BD dans le plan MN, passant par le pied de AB ; je dis qu'elle sera perpendiculaire à AB.

En effet, tirez CE qui coupe les trois droites du plan, et prolongez AB d'une quantité BF égale à elle-même ; puis joignez AC, AD, AE, FC, FD, FE, les lignes droites BC et BE étant perpendiculaires sur AB, on a CA=CF, EA = EF. Donc, triangle ACD = CEF donc aussi angle AEC = FED : d'où il suit que les deux triangles ABD, BDF sont égaux entre eux comme ayant un angle égal compris entre côtés égaux, et que AD=DF ; donc triangle ABD=BDF, et angle ABD = DBF.

Ces deux angles sont donc droits, puisqu'ils sont adjacens ; donc AB est perpendiculaire à BD, et à toute autre droite qui passerait par son pied dans le plan MN, puisque le même raisonnement pourrait être répété ; donc, elle est perpendiculaire au plan MN, ce qu'il faut démontrer.

Corollaire. Il faut remarquer les propriétés suivantes sur la perpendiculaire et les obliques partant d'un même point et aboutissant au plan :

1° La perpendiculaire est plus courte que toute oblique ;

2° Des obliques égales ont les pieds également distans de celui de la perpendiculaire ;

3° Les points où elles percent le plan sont tous sur une même circonférence de cercle dont le pied de la perpendiculaire est le centre.

Troisième Théorème. *Si une droite est parallèle à une droite située dans un plan, elle l'est au plan.*

Car si elle le rencontrait, ce ne pourrait être que dans un des points communs aux deux plans, c'est-à-dire dans un des points de la parallèle, ce qui est absurde.

Quatrième Théorème. *Les intersections de deux plans parallèles à un troisième sont parallèles.*

Car si elles se rencontraient dans leur prolongement, il en serait de même des plans, ce qui est impossible.

Cinquième Théorème. *L'angle dièdre ABCDF (fig. 4) a ponr me-*

sure l'angle des deux perpendiculaires AB, BE, élevées à l'arête commune BC dans les deux faces de l'angle en un même point de cette arête.

Car, 1° cet angle est le même à quelque point de l'arête qu'on le prenne, car DCE, par exemple, est égal à ABE, à cause des lignes AB, CD, BE, CF parallèles;

2° A deux angles dièdres égaux correspondent des angles de perpendiculaires égaux, ce qui s'établit par la superposition; d'où il suit que les *angles dièdres sont proportionnels aux angles des deux perpendiculaires,* ce que l'on démontrera comme au Liv. Ier (*Mesures des angles*) dans le cas où les angles choisis seraient *commensurables,* et comme au Liv. V (*Développemens*), dans le cas où ils ne le seraient pas.

On voit donc que l'angle des deux perpendiculaires réunit les conditions voulues pour servir de mesure à l'angle dièdre.

Premier Corollaire. *Tout plan BQ, conduit suivant une droite AB perpendiculaire du MN (fig. 25), est perpendiculaire à ce plan.*

Car l'angle ABE est droit.

Deuxième Corollaire. *Deux plans perpendiculaires, soit à une même droite, soit à un même plan, sont parallèles.*

Car les droites AC, A'C', AB, A'B' (*fig.* 86) étant parallèles, les plans BAC, ou P et B'A'C', ou Q, sont parallèles.

Sixième Théorème. *Quand deux droites, AB, CD, non dans un même plan, sont coupées par trois plans parallèles P, Q, R (fig. 86), elles le sont en parties proportionnelles.*

Par la droite CD, et le point A, menez un plan qui coupera P, Q, R aux trois points A, F, G en ligne droite, vous aurez, d'après la construction, AF=CH, et FG=HD; joignez EF, et BG, ces lignes seront parallèles, et on aura (Liv. Ier, *Lignes proportionnelles*), AE : AF :: EB : FG; donc AE : CH :: EB : HD, c. q. f. d.

Septième Théorème. I. *Dans un angle trièdre, la somme de deux angles dièdres est toujours plus grande que le troisième.* (Voir *Legendre.*)

II. *La somme des angles plans qui forment un angle solide est toujours plus petite que quatre angles étroits.* (*Ibidem.*)

III. *Deux trièdres qui ont les faces et les inclinaisons égales sont égaux ou symétriques suivant que ces faces sont disposées dans le même ordre ou dans un ordre inverse.* (Voir *Vincent.*)

Nota. On entend par *symétriques* : 1° pour les figures planes, deux figures dont tous les points *homologues* sont à égale distance de part et d'autre d'une ligne droite tirée entre ces deux figures :

2° Pour les figures dans l'espace, deux solides dont tous les points *homologues* sont à égale distance de part et d'autre d'un plan tiré entre ces deux solides.

§ XXXII.

Mesure des solides.

On appelle *polyèdre* un solide convexe terminé par des surfaces planes.

Le prisme est un *polyèdre* composé de faces à quatre côtés parallèles coupées par deux polygones égaux et parallèles. Les polygones prennent le nom de *bases*.

La hauteur du prisme est la perpendiculaire commune aux deux bases.

Le parallélipipède est un *prisme* à six faces; par conséquent toutes les faces sont parallèles et égales deux à deux, et de plus ce sont des parallélogrammes.

Parmi les parallélipipèdes, nous citerons le parallélipipède *rectangle*, dont les faces sont perpendiculaires l'une à l'autre ; ce sont par conséquent des rectangles.

Le cube, dont toutes les faces sont égales et perpendiculaires, par conséquent ses faces sont des carrés.

Le plus simple des prismes est celui dont la base est un triangle, et qu'on a appelé, pour cette raison, *prisme triangulaire* [1].

La pyramide est un polyèdre dont toutes les faces partent d'une même point qu'on appelle *sommet*, pour aboutir aux différens côtés d'un polygone qu'on nomme *base*.

La plus simple des pyramides est la *pyramide triangulaire* qui n'a

---

[1] On désigne un prisme par le nombre des côtés de sa base, parce que ce nombre exprime aussi celui de ses faces, moins les deux de la base.

Ainsi *prisme octogonal*, celui dont la base est un *octogone*, etc...

que quatre faces, la base comprise. On désigne les pyramides, ainsi que les prismes, par le nombre de côtés de leurs bases.

La hauteur de la pyramide est la perpendiculaire abaissée du sommet sur la base.

Le cône est le solide engendré par la révolution d'un triangle rectangle autour d'un des côtés de l'angle droit.

Le cercle décrit par l'autre côté se nomme *base*.

Le cylindre est le solide engendré par la révolution d'un rectangle autour d'un de ses côtés. On voit, par cette définition, que c'est une surface courbe coupée par deux cercles égaux, parallèles et perpendiculaires à cette surface courbe.

La sphère est un solide engendré par la révolution d'un demi-cercle autour de son *diamètre*.

Premier Théorème. *Tout parallélipipède rectangle a pour mesure de solidité le produit de ses trois dimensions, ou ce qui revient au même, le produit de sa base par sa hauteur.*

En effet, soit le parallélipipède AF (*fig.* 91); supposons que la base ABCD contienne huit fois l'unité de surface, et que la hauteur AX contienne trois fois l'unité de longueur; la base ABCD se composant du produit de la longueur BC et de la largeur AB du parallélipipède, supposons que BC contienne quatre fois l'unité de longueur BM, et que AB la contienne deux fois. Si par le milieu de AB on mène un plan perpendiculaire à AB, il décomposera le parallélipipède en deux parallélipipèdes rectangles AY et YB égaux; si maintenant, par chacun des points de division M, M', M'' de BC, on mène des plans perpendiculaires à BC: ces plans diviseront chacun des parallélipipèdes AY et YB en quatre parallélipipèdes égaux, tels que OB. Enfin si par chacun des points de divisions T, T' de la hauteur AX on mène des plans perpendiculaires à cette hauteur, ils diviseront chacun des huit parallélipipèdes précédent en trois cubes égaux, tels que BQ..... qui ont tous pour base l'unité de surface, et pour hauteur l'unité de longueur. Ces cubes sont chacun l'unité de volume; or, le parallélipipède entier AF contient $3 \times 2 \times 4$ de ces cubes. Le produit de ces trois nombres, qui est celui de ses trois dimensions, exprime donc bien *son rapport à l'unité du volume*, ou sa mesure de solidité, ce qu'il fallait démontrer.

Corollaire. Un cube a pour mesure *le cube d'une de ses dimension.*

Deuxième Théorème. *Un parallélipipède quelconque AH* (*fig.* 92) *a pour mesure le produit de sa base par sa hauteur.*

En effet, il est équivalent au rectangle AK qui a même base et même hauteur, car le rectangle a, de plus que le parallélipipède, le prisme triangulaire DCLKG..... dont le parallélipipède a équivalent en solidité ABEM, en plus du rectangle.

TROISIÈME THÉORÈME. *Un prisme triangulaire MNPS (fig. 93) a pour mesure le produit de sa base par sa hauteur.*

En effet, il est la moitié du parallélipipède MNOPT qui a même base et même hauteur. Or, ce solide a pour mesure FNPO × FM, dont la moitié est FPN×FM (Liv. II, § 21, 3e théor.). Or, FPN est la base du prisme, et FM sa hauteur; donc.....

PREMIER COROLLAIRE. Un prisme quelconque SABCDSA'B'..... (*fig.* 94) pouvant être décomposé en autant de prismes triangulaires SABB', SBCC', SCDD' que sa base contient de triangles de décomposition, a pour mesure de solidité la somme de tous ces prismes, ou bien SQ étant la hauteur commune.

$$(SAB+SBC+SCD\ldots\ldots)\times SQ,$$

ou, comme la somme des triangles SAB, SBC..... vaut le polygone de la base SABCD.....; on peut dire *qu'un prisme quelconque a pour mesure le produit de sa base par sa hauteur.*

DEUXIÈME COROLLAIRE. *Deux prismes quelconques sont équivalens, quand ils ont même base et même hauteur.*

QUATRIÈME THÉORÈME. *Deux pyramides triangulaires SABC, sabc sont équivalentes (fig. 95), quand elles ont même hauteur et des bases égales équivalentes.*

Car il existait une différence entre elles, soit p mètres cubes, cette différence que l'on peut représenter géométriquement par un prisme dont la base sera ABC, et la hauteur $\frac{ABC}{p}$; soit AF cette hauteur, divisons la hauteur totale AM en m parties égales à AF, et par chacun des points de division A', A''..... menons des plans parallèles aux bases placées sur un même plan perpendiculaire à AM.

Les sections faites dans les pyramides par ce plan, seront des triangles équivalens. Sur chacun de ces triangles avec AF pour hauteur, construisons des prismes intérieurs dans la pyramide *s*, et extérieurs dans la pyramide S. Il est aisé de voir que les prismes de S, à partir du premier, sont égaux aux prismes de *s*, savoir $P'=p$, $P''=p$.

La somme des prismes $p'+p$..... égale donc $P'+P''$.....

Or, la somme $P'+P''$... est plus grande que la pyramide SA'B'C' qui, par hypothèse, égalait *sabc*, puisque le prisme P représentait leur différence, tandis que la somme $p + p'$..... est plus petite que *sabc*.

On ne peut donc pas admettre qu'il y ait une différence entre les deux pyramides S et *s* ; donc elles sont équivalentes.

Cinquième Théorème. *Une pyramide triangulaire SABC (fig. 96) a pour mesure le produit de sa base par le tiers de sa hauteur.*

En effet, elle est le tiers du prisme SABD qui a même base et même hauteur; car ce prisme est égal à la somme des trois pyramides SABC, EDEFS et FEBD. Les deux premières sont équivalentes; car leurs bases ABC, SFD sont égales, et leur hauteur commune est celle du prisme.

Quand à la troisième, elle est équivalente à SCBD, qui a même base et même hauteur, et qui est équivalente à CSED.....

Premier Corollaire. Une pyramide quelconque P, pouvant être décomposée en pyramides triangulaires, en faisant passer des plans par le sommet et les diagonales de la base, est égale au produit de la somme des triangles de la base, ou *la base totale de la pyramide P par la hauteur commune,* qui est celle *de la pyramide P.*

Deuxième Corollaire. *Deux pyramides quelconques sont équivalentes quand elles ont même base et même hauteur.*

Scholie. I. Pour que deux pyramides soient égales ou semblables, il faut que les faces soient égales ou semblables, également inclinées et *disposées dans le même ordre.*

II. Pour que deux polyèdres soient égaux ou semblables, il faut qu'après avoir choisi un sommet *homologue,* et les avoir décomposés en pyramides, partant toutes de ce sommet, ils se trouvent formés d'un même nombre de pyramides égales ou semblables et *disposées dans le même ordre.* Sans cette dernière condition, ils sont égaux sans être superposables ou bien *symétriques.*

III. Quand on réduit les dimensions d'un solide dans une certaine proportion $\frac{1}{m}$ le volume du solide est réduite au cube, c'est-à-dire à $\frac{1}{m^3}$ On trouvera facilement la preuve de cette assertion en considérant un cube dont le côté est double, triple, etc....., du côté d'un autre cube, il est aisé de voir, par la décomposition qu'il renferme suivant ces différens cas, huit fois, vingt-sept fois...... etc..... le volume de ce deuxième cube.

IV. Le cylindre, pouvant être considéré comme un prisme d'un nombre infini de faces infiniment petites, et le cône comme une pyramide d'un nombre infini de faces infiniment petites, les bases étant prises pour des polygones réguliers d'un nombre infini de côtés infiniment petits ; on voit que l'on peut dire, par cette assimilation du prisme au cylindre et de la pyramide au cône, que :

1° *Le cylindre a pour mesure le produit de sa base par sa hauteur, ou* r *étant le rayon de sa base, et* h *la hauteur* $\pi \times h \times r^2$.

2° *Le cône a pour mesure le produit de sa base par le tiers de sa hauteur, ou* ($\frac{1}{3}\pi \times r^2 \times h$).

IV. Pour mesurer les surfaces convexes, soit d'un cône EGC (*fig.* 97), soit d'un cylindre ABCD, soit d'un cône tronqué AFGC, on supposera les circonférences des bases rectifiées en DF et BE pour le cylindre, en AB et CD pour le cône perpendiculairement à l'arête.

Alors BDEF sera la mesure de la surface convexe du cylindre ; c'est le produit de la circonférence de la base par la hauteur h, ou ($2\pi \times r \times h$).

ECD, celle du cône ; c'est la moitié du produit de l'arête par la circonférence de la base, ou a étant l'arête ($\pi \times r \times a$).

ABCD, celle du cône tronqué ; c'est le produit de l'arête AC par la demi-somme des circonférences des bases, ou a étant l'arête AC, et r' le rayon AF ($\pi \times a \times (r + r')$).

Quant au volume du cône tronqué, il est égal à la différence des volumes des cônes EGC, EFA.

— Nous regrettons que le peu d'étendue de ce traité ne nous permette pas d'entrer dans quelques détails sur la sphère et les polyèdres réguliers. Mais nos limites resserrées nous obligent à ne donner que l'énoncé de deux propositions qui devraient être longuement développées, en renvoyant, pour cet article, aux Géométries de *MM. Legendre* et *Vincent*.

I. *La surface de la sphère est égale à son diamètre multiplié par la circonférence d'un grand cercle, ou* r *étant le rayon à* ($4\pi \times r^2$).

II. *La solidité de la sphère est égale à sa surface multipliée par le tiers de son rayon* ($\frac{4}{3}\pi \times r^3$).

Cette dernière proposition s'explique aisément, en considérant la sphère comme formée d'une infinité de petites pyramides régulières, ayant toutes leur sommet au centre, et leurs bases à la surface, telle que la somme de bases compose la surface sphérique.

§ XXXIII.

Application.

Pour mesurer un polyèdre massif, il faut supposer qu'il soit décomposé en pyramides partant d'un même sommet et ayant pour bases ses faces, moins celles qui forment l'angle solide dont le sommet est aussi celui des pyramides, le poser successivement sur chacune des faces qui sert de base à une pyramide, et dont on mesure la surface.

On prend ensuite la hauteur de la pyramide avec un fil à plomb tombant perpendiculairement du sommet sur le plan horizontal où pose la face du polyèdre qui lui sert de base.

Cette opération, d'une très-grande difficulté pratique, se remplace avec avantage par l'application des deux principes suivans.

1° *Un corps plongé dans un fluide déplace un volume de ce fluide égal à son propre volume.*

Ce principe découvert par Archimède[1] fait époque dans l'histoire de la physique, parce que c'est de ce moment que date la notion des densités.

---

[1] Hiéron, tyran de Syracuse, avait demandé l'analyse d'une couronne d'or, où il soupçonnait une fraude d'alliage, à condition que les procédés analytiques n'altèreraient en rien sa forme et son éclat. Archimède vainquit la difficulté par sa découverte.

Pour l'appliquer, on pourra verser dans un vase assez grand, de forme régulière, tel qu'un cylindre ou un prisme, un liquide quelconque dans lequel le corps à mesurer ne soit pas *soluble*, de l'eau, par exemple, et y plonger ce corps. La hauteur dont l'eau se sera élevée après l'immersion multipliée par la base du vase donnera le volume cherché.

2° *Le poids d'un corps est égal au produit de son volume par sa densité.*

On n'aura donc, pour trouver le volume d'un corps, qu'à le peser, puis à diviser son poids par sa densité, qu'on trouvera dans une table spéciale. (Voir les *Traités de Physique*, ou *l'Annuaire des Longitudes*).

Ces deux théorèmes sont surtout précieux, en ce qu'ils servent à mesurer les corps de la forme la plus irrégulière, et auxquels il serait impossible d'appliquer la décomposition géométrique.

—Pour construire un polyèdre *a* semblable au polyèdre donné A, on supposera le polyèdre A décomposé en pyramides partant toutes d'un sommet commun S, et on choisira un point *s* homologue du point S; si la réduction choisie est *p*, on réduira au $\frac{1}{\sqrt[3]{p}}$ les dimensions linéaires à donner au polyèdre *a*, et on aura bien soin de disposer les faces des pyramides de *a* dans le même ordre que celles des pyramides de A; ensuite de disposer les pyramides de *a* dans le même ordre que celles de A. Ceci est important. Les lignes à tirer dans la construction de *a* seront des fils de fer tendus et fixés solidement en *s*. Cette opération est très-difficile à faire avec exactitude ; les sculpteurs auxquels il arrive fréquemment de copier des statues et de les réduire, divisent l'original par des lignes médianes, c'est-à-dire qui séparent symétriquement toute une partie du corps, ce qui simule assez le squelette ; puis ils construisent en fil de fer un squelette semblable, c'est-à-dire dont les lignes sont à celles de l'original comme le volume de la petite statue est à la racine cubique du volume de la grande, en leur donnant les mêmes angles. Ils remplissent ensuite avec du plâtre, en se conformant le mieux possible à l'original.

En substituant, dans ces constructions, le mot *égal* au mot *proportionnel*, elles s'appliqueront à la construction d'un polyèdre massif égal à un polyèdre donné.

Rarement on a besoin de mesurer des corps tout-à-fait irréguliers, ou du moins qui ne puissent pas se décomposer sensiblement en corps réguliers. Toutes les constructions de charpente et de maçonnerie sont décomposables en rectangles, en prismes, cylindres... etc... qu'on mesure séparément, en considérant comme massifs les espaces vides, telle que l'étendue occupée par une fenêtre..... etc..... et retranchant ensuite leur volume du volume total. (Voir, pour plus de détails, le *Manuel du Toiseur en bâtimens.*)

Les instrumens à employer pour la mesure des solides sont le *mètre* et la *chaîne*, le *fil à plomb* ajusté perpendiculairement à l'hypothénuse d'une équerre isoscèle, etc.

§ XXXIV.

Projections.

La *projection* d'un point sur un plan est le pied de la perpendiculaire abaissée de ce point sur le plan. La projection d'une ligne est la somme des projections de ses points.

Les *lignes projetantes* d'une ligne droite A étant toutes dans un même plan perpendiculaire au *plan de projection*, il résulte que la projection de la droite A étant l'intersection de ce plan, que nous nommerons *plan projetant* avec le plan de projection, est une *ligne droite.*

Deux plans de projection ne peuvent déterminer la position d'un point P, car tous les points d'une même parallèle à leur intersection ont les mêmes projections. Une projection sur un troisième plan est donc nécessaire pour fixer la position du point P; mais ce troisième plan, il n'est pas nécessaire de le construire, on le supposera perpendiculaire à l'intersection des deux premiers, et on marquera sur cette ligne le point d'intersection du troisième plan de projection, qui sera, si on veut, le *centre de projection;* la distance de ce centre à l'intersection des deux premières lignes projetantes suppléera à la troisième ligne projetante du point P.

La branche de la Géométrie, connue sous le nom de *Géométrie descriptive*, a pour but, étant supposés deux plans de projection perpendiculaires, l'un *vertical*, l'autre *horizontal*, et dont l'intersection se nomme *ligne de terre*, de tracer sur ces deux plans les projections d'un corps quelconque situé dans l'un des quatre angles dièdres qu'ils font entre eux.

L'algèbre trouve aussi son application dans la science des projection. (Voir *Lefebure de Fourcy, Géométrie descriptive, analytique.* Cette science, création de *Monge*, a été cultivée avec les plus grands succès par ses successeurs, *MM. Hachette, Olivier*, etc., etc., elle s'applique à la coupe des pierres, aux constructions des ponts et chaussées, etc.

— La projection d'un corps quelconque, un édifice, par exemple, ou une montagne, sur le plan horizontal, se nomme *plan géométral* de ce corps.

La projection sur le plan vertical se nomme *élévation*, c'est celle qui représente la hauteur de l'édifice, la configuration de ses murailles, la distribution, la forme de ses fenêtres, portes etc...

Enfin la projection sur le troisième plan, qui est perpendiculaire à chacun des deux premiers se nomme *coupe* ou *profil*. « C'est, dit *M. Teyssèdre*, » celle qui représente la distribution des apparte- » mens, la hauteur des plafonds, le profil des voûtes. »

— On obtient facilement ces trois projections pour les corps réguliers, les constructions, etc... Mais, sur le terrain, on a besoin de faire des opérations particulières connues sous le nom de *nivellement.*

§ XXXV.

Nivellement.

Pour obtenir un niveau, il s'agit de former une surface parfaitement horizontale, c'est-à-dire telle que la verticale lui soit *normale* en tous ses points. Une pareille surface, qui est sphérique pour une grande étendue comme celle de la mer, est sensiblement plane pour une étendue d'un rayon de quatre à cinq kilomètres, comme celle des eaux d'un étang ou d'un lac ; elle l'est parfaitement dans l'intérieur d'un vase ou d'un tube, en négligeant toutefois la dépression qui résulte de la capillarité.

Concevons donc deux vases B, B′ (*fig.* 99 *bis*) unis entre eux par un tube de communication T ; le tube T étant dans une position horizontale, l'eau s'élevera de la même hauteur dans les deux vases B et B′, et le rayon visuel *hh′* mené tangentiellement à leur surface sera parfaitement horizontal : tel est le *niveau d'eau.*

Niveler un terrain, c'est prendre la coupe horizontale de ce terrain, ce qui revient à mesurer les lignes projetantes de ses points, non dans un même plan, ou plutôt à mesurer les différences de ces lignes, ce qui se fait avec un grand bâton gradué auquel est ajustée perpendiculairement une planchette peinte qu'on nomme *signal*, et qui est mobile dans une rainure du bâton.

Soit ABCD (*même figure*) la coupe en *profil* du

terrain à niveler, on pourra placer le niveau au point D, puis élever graduellement le signal jusqu'à ce que son centre se trouve dans le rayon visuel ; supposons pour cela qu'il faille l'élever de 2^m ; la différence des lignes projetantes des deux points C et D sera 2^m, moins la hauteur du niveau. On prendra ensuite la différence de hauteur des points C et B par une opération semblable, en plaçant le niveau en C et le bâton gradué en B, et l'on continuera cette opération jusqu'en A, point par lequel passe le plan horizontal.

— Pour dessiner le plan géométral, il faudra connaître les distances C′D′, B′C′... lesquelles sont égales à DK, CK′... qu'on peut calculer, car DK, par exemple$=\sqrt{\overline{CD}^2-\overline{CX}^2}$, et ces deux lignes CD et CK sont mesurées sur le terrain.

— Ce mode d'arpentage, dont nous ne donnons qu'un aperçu, se nomme *arpentage par cultellation ;* il doit être employé toutes les fois qu'on veut obtenir uue topographie exacte. L'autre mode dans lequel on se contente de traîner la chaîne sur le terrain se nomme *arpentage par développement.*

On ne peut s'en servir que sur des surfaces planes, ou du moins qui n'ont pas d'inégalités bien saillantes. Le plan qui est fait avec les mesures prises par développement ne peut s'expliquer qu'en supposant que chaque pente sur le terrain a décrit un certain arc de cercle sur sa limite avec sa pente précédente comme charnière, pour venir se mettre dans son plan, hypothèse à laquelle on a souvent recours dans la géométrie descriptive.

— Le niveau à *bulle d'air* consiste en un tube fermé N (*fig.* 18), dans lequel on a introduit une petite colonne de liquide coloré qui indique la position horizontale du tube quand elle est parfaitement au milieu. Cet instrument sert à dresser horizontalement des tables, des planchettes, etc...

§ XXXVI.

Architecture.

« Les premiers monumens furent de simples » quartiers de roche que *le fer n'avait pas touchés,* » dit Moïse. L'architecture commença comme toute » écriture. Elle fut d'abord alphabet. On plantait » une pierre debout et c'était une lettre, et chaque » lettre était un hiéroglyphe, et sur chaque hiéro» glyphe, reposait un groupe d'idées comme le cha» piteau sur la colonne. »

(Victor Hugo. — *Notre-Dame-de-Paris*).

Les premiers essais de l'architecture, monumens brutes et informes, mais admirables dans leur masse gigantesque qui tient du prodige, nous les retrouvons dans les constructions cyclopéennes et dans ces énormes débris de Karnac; la religion les consacre. Les pierres de Josué, les moles étrusques et les dolmens druidiques sont élevés en souvenirs de faits accomplis sous les auspices des dieux. Plus tard, et la transition est insensible, le culte se forme; voici venir des délégués de la Divinité, des prêtres, des sacrificateurs; les pierres s'accouplent; l'autel s'élève, une auge reçoit le sang des victimes.

L'Égypte emploie des peuples entiers à construire d'immenses pyramides pour ensevelir ses Pharaons, tandis que l'obélisque, deux pyramides superposées, gracieux monolithe, garde l'entrée des villes. On croit qu'il était destiné à des opérations astronomiques. Les faces de ces monumens, couverts d'hyéroglyphes, sont autant de pages de l'astronomie, de l'histoire et des croyances des sages de l'Égypte.

La colonne et l'arcade, productions orientales, se vivifient sous le beau ciel de la Grèce, et donnent naissance aux quatre *ordres* primitifs d'architecture *toscan, dorique, ionique, corinthien.*

« Le mot d'ordre, dit Vignol, signifie, dans ce » grand art, un assemblage de différens corps qui, » étans proportionnels entre eux et au tout, flat- » tent la veüe, de même que l'union de plusieurs » sons harmoniques, procure à l'oreille une agréa- » ble sensation. »

On distingue dans un ordre trois parties principales :

Piédestal[1], *colonne et entablement* qui se subdivisent,

le piédestal en		la colonne en		l'entablement en	
	corniche,		*base,*		*architrave,*
	dé,		*fût,*		*frise,*
	base.		*chapiteau.*		*corniche.*

Lesquelles subdivisions sont un assemblage des différentes moulures dont nous avons donné le

[1] Souvent le piédestal manque; on y substitue une *plinthe.*

dessin. La ligne choisie pour servir d'unité dans le rapport des dimensions des divisions de l'ordre, est le demi-diamètre du bas[1] de la colonne qu'on nomme *module*.

Dans tous les ordres, l'entablement est le $\frac{1}{4}$ de la colonne.

Ce qui les différencie, ce sont :

1° Les ornemens de la frise dans l'entablement et les sculptures du chapiteau ;

2° Les proportions des subdivisions de l'ordre.

Occupons-nous successivement de ces deux causes de différence.

I. L'ordre *toscan* n'admet aucun ornement à sa frise et à son chapiteau (*fig.* 98). C'est le plus sévère de tous et le moins élancé.

La frise de l'ordre *dorique* est ornée de *triglyphes*, imitation de la lyre et de *métopes*.

Le chapiteau de l'ordre *ionique* porte des *volutes*, sa frise reçoit aussi des sculptures.

Le chapiteau *corinthien* est décoré de volutes et de feuilles d'acanthe[2] ; sa frise est variée d'ornemens gracieux et en grand nombre. C'est le plus riche de tous les ordres.

II. Nous avons réuni dans le tableau suivant les proportions des trois parties principales des quatre ordres.

---

[1] Je dis le *bas* de la colonne, car, toutes les colonnes s'élèvent en rétrécissant.

[2] Une acanthe avait cru au bas du tombeau d'une jeune fille. On remarqua que sa feuille s'épanouissait gracieusement sur le marbre ; elle fut sculptée sur le chapiteau corinthien.

NOMS des ORDRES.	PIÉDESTAL.			COLONNE.			ENTABLEMENT.		
	BASE.	DÉ	CORNICHE.	BASE.	FÛT.	CHAPITEAU.	ARCHITRAVE.	FRISE.	CORNICHE.
TOSCAN....	4 *mod.* $\frac{2}{3}$.			14 *mod.*			3 *mod.* $\frac{1}{2}$.		
	$\frac{1}{2}$.	3 $\frac{2}{3}$.	$\frac{1}{2}$.	1	12.	1.	1.	1 $\frac{1}{6}$.	1 $\frac{1}{3}$.
DORIQUE...	5 *mod.* $\frac{1}{3}$.			16 *mod.*			4 *mod.*		
	$\frac{5}{6}$.	4.	$\frac{1}{2}$.	1.	14	1.	1.	1 $\frac{1}{2}$.	1 $\frac{1}{2}$.
IONIQUE....	6 *mod.*			18 *mod.*			4 *mod.* $\frac{1}{2}$.		
	$\frac{1}{2}$.	5	$\frac{1}{2}$.	1.	16 $\frac{1}{3}$.	$\frac{2}{3}$.	1 $\frac{1}{4}$.	1 $\frac{1}{2}$.	1 $\frac{3}{4}$.
CORINTHIEN	6 *mod.* $\frac{2}{3}$.			20 *mod.*			5 *mod.*		
	$\frac{2}{3}$.	5 mod. 4 parties.	14 parties [1].	1.	16 $\frac{2}{3}$.	2.	1 $\frac{1}{2}$.	1 $\frac{1}{2}$.	2.

[1] Le module est divisé en douze parties égales.

On voit que les ordres sont disposés en série croissante pour le dégagement et l'élancement progressif du piédestal de la colonne et de l'entablement.

Examinons maintenant quelques-unes des autres parties qui composent un monument.

La dernière colonne d'une colonnade se nomme *angulaire;* l'espace qui sépare deux colonnes *entre-colonnes*. L'entre-colonne est de :

Toscan.	Dorique.	Ionique.	Corinthien.
4 $\frac{3}{4}$.	5 $\frac{1}{2}$.	4 $\frac{1}{2}$.	4 $\frac{2}{3}$.

Ces proportions de l'entre-colonnes n'ont lieu qu'autant qu'il ne se trouve pas de *pilastres* et d'*arcades* derrière les colonnes.

« Les pilastres sont des colonnes carrées rarement isolées, mais engagées dans les murs ou boiseries; on les fait saillir d'un tiers ou d'un quart de module. Leurs ornemens, les chapiteaux, la base et toutes les proportions sont réglées suivant les principes de l'ordre auquel ils appartiennent. » (*Perrot.*)

Quand le pilastre se trouve derrière une colonne, on lui conserve le même diamètre dans toute sa hauteur.

Les arcades ou plein-cintres sont des demi-cercles qui s'appuient sur les pilastres, leur diamètre varie pour les quatre ordres. On les enveloppe de bandeaux ou *archivoltes* qui peuvent recevoir des ornemens variés. Le sommet des arcades corinthiennes est orné d'une *clé* qui joint l'arcade à l'entablement, en faisant support pour la corniche.

Le système complet de l'arcade et de ses pilastres se nomme *portique*.

Enfin, le *fronton* est une élévation triangulaire, dont la hauteur varie du $\frac{1}{5}$ au $\frac{1}{6}$ de la base.

— Cette théorie des quatre ordres est à l'architecture ce que la rhéthorique est à l'éloquence. L'art a précédé les règles; les règles ne doivent pas entraver l'imagination. En renchérissant de grâce et de légèreté pour les colonnes, de hardiesse pour les voûtes, et greffant sur une superposition harmonique d'ordres l'aiguille et la flèche, les Arabes et les Maures créèrent une architecture qui fut celle des monumens religieux du moyen-âge. Grande et poétique comme la religion à laquelle elle sert de temple, elle a résisté aux attaques forcenées des hommes et des temps. Noircies par nos brouillards du nord, usées par les dégradations d'une époque de mauvais goût, ces vieilles cathédrales sont pour nous les seuls monumens nationaux où nous nous réfugions avec plaisir, avec enthousiasme, en nous associant aux sublimes prières de nos pères dans une langue qu'on ne parle plus, pour une foi qui ne vit que par tradition.

— Reste sous le beau ciel de la Grèce, pauvre marbre de Paros, toi aussi qu'on mutile, qu'on arrache sans pitié à tes temples enfouis, ne viens point t'exposer à la pâleur de notre soleil, aux miasmes de nos brouillards; reste pour refléter les derniers rayons du Dieu du soleil, qui craint, comme toi, qu'une légère vapeur ne vienne le ternir: c'est là que j'irai m'asseoir aux pieds de tes portiques, sur les cendres de ceux qui ont fait de toi des Dieux immortels.

— L'ordre *composite*, l'ordre *dorique romain*, sont deux variantes très-peu distinctes du *corinthien* et du *dorique grec*.

Nous croyons pouvoir nous dispenser d'en parler, ainsi que de l'architecture, de la *renaissance* et celle qui l'a *suivie*. Les types sont posés; nous conseillons aux lecteurs d'étudier sur les monumens, et de rattacher au tronc cette végétation luxuriante qui s'épand sous mille formes; son goût le guidera dans cette étude.

CHAPITRE XIII.

PERSPECTIVE.

§ XXXVII.

L'objet de la *perspective* est de tracer sur une surface nommée *tableau*, un ensemble de lignes, tel qu'en se plaçant à une distance déterminée du tableau, cet ensemble représente, au point de faire illusion, une série d'objets matériels comme ils sont en relief.

L'origine de cette science remonte à Euclide, et même au temps du peintre Agatharque, décorateur pour les tragédies d'Eschyle. On en aperçoit des notions ébauchées dans les écrits de Démocrite et d'Anaxagore.

— Le tableau étant placé entre l'œil et l'objet qu'on veut mettre en perspective, on suppose que des rayons visuels sont tirés de l'œil aux différens points de cet objet. Ces rayons percent le tableau en autant de points qui sont appelés *perspective* des points homologues de l'objet.

La perspective d'une ligne droite s'obtient en

unissant les perspectives de ses deux extrémités. Celle d'une ligne courbe en unissant par un trait continu les perspectives de points assez rapprochés de cette courbe.

L'ensemble des perspectives de toutes celles des lignes d'un corps que les rayons visuels peuvent atteindre, forme la perspective de ce corps.

Soit O le point où se trouve l'œil, TT′ le tableau (*fig.* 100); par le point O, faisons passer deux plans perpendiculaires au plan TT′ et entre eux, l'un vertical, et l'autre horizontal.

Leur intersection OM sera perpendiculaire au plan TT′.

L'intersection HH′ du plan horizontal avec le plan TT′ se nomme *ligne horizontale*, et l'intersection VV′ du plan vertical avec TT′ se nomme *ligne verticale*.

Soit D au point dont *d* est la perspective; abaissons du point D une perpendiculaire DR sur le plan PQ, et prolongeons-la jusqu'à sa rencontre en G avec le plan horizontal HH′; joignons OG. (Pour tirer les lignes dans l'espace, on fixera un clou au point O, et on tendra des fils du point O aux différens points G, D.) *g* étant la perspective du point G, les lignes *gd*, GD seront parallèles, et on aura :

$$Og : OG :: Od : OD$$

OG : GD :: O*g* : *gd*; donc quand on connaît les trois quantités, O*g*, *distance de l'œil au tableau*, *OG*, *distance de l'œil à la verticale du point* D, *et GD*, *distance du point D au plan horizontal qui passe par l'œil*, on pourra calculer ou construire graphiquement la distance *gd* du point *d* à la ligne horizontale

HH′, distance qu'on pourrait appeler *ordonnée perspective* du point D, HH′ et VV′ étant les axes.

Reste à trouver la distance *dm* du point *d* à la ligne verticale VV′, distance qu'on pourrait appeler *abscisse perspective* du point D.

Pour cela, il faut se figurer que le système entier a fait $\frac{1}{4}$ de révolution, c'est-à-dire que VV′ est devenue horizontale, et HH′ verticale; on calculera *dm* comme *gd*, par une *règle de trois simple*, ou graphiquement par une quatrième proportionnelle au moyen:

1° *De la distance de l'œil au tableau qui est connue;*

2° *De la distance de l'œil à la ligne horizontale qui passe par le point D;*

3° *La distance du point D au plan vertical qui passe par l'œil*, distance qu'on mesure ainsi que 2°

Telles sont les constructions géométriques à employer pour construire exactement les perspectives des points visibles d'un corps, partant la perspective de ce corps.

Il est inutile de dire que toutes les *coordonnées perspectives* devront être rapportées à la même échelle.

Les abscisses perspectives de tous les points d'un solide s'obtiennent très-facilement au moyen du *plan géométral* de ce solide. Ainsi la *figure* 101 nous représente une section horizontale du système, le point O et le plan ABCD étant fixés à des distances convenables; après avoir tiré les lignes OA, OB, etc., les longueurs HG, HC... etc., seront bien les *abscisses perspectives des points* A, B, C... etc.

Il ne restera plus qu'à élever aux points *a, b, c, d*... etc., des perpendiculaires à HH', dont les longueurs, qui seront les *ordonnées perspectives* des points A, B, C... se détermineront avec des *coupes verticales* du solide; la hauteur MN de l'œil au-dessus du plan géométral étant bien connue.

— Pour faire un bon dessin d'après nature, il faut suivre les règles de la perspective. Néanmoins, un coup d'œil exercé dispense l'artiste de s'astreindre aux formalités que nous venons d'établir. Il lui suffit de ne pas fauter aux principes suivans, qui deviennent instinctifs chez lui, et dont la démonstration se trouve sans peine, en considérant la position relative des lignes dont on parle.

1° *La perspective d'une ligne parallèle au tableau est parallèle à cette ligne;*

2° *Toutes les lignes parallèles entre elles et au tableau ont leurs perspectives parallèles entre elles;*

3° *Les lignes verticales ont leurs perspectives perpendiculaires à la ligne horizontale;*

4° *Les lignes horizontales parallèles au tableau ont leurs perspectives parallèles à la ligne horizontale;*

5° *Toutes les lignes horizontales parallèles entre elles, et non parallèles au tableau, ont leurs perspectives dirigées à un même point de la ligne horizontale.*

On sait, pour la justification de ce principe qu'une allée d'arbres ou d'arcades assez prolongée paraît se resserrer, et que les deux points de ses côtés parallèles semblent se confondre.

Il est une autre branche de la perspective qu'on nomme *perspective aérienne*, dont le but est d'exécuter sur le tableau tous les effets d'ombre et de lumière qui ont lieu dans la nature (Voir § 39). On ne peut juger jusqu'à quel point les anciens la connaissaient; car, malheureusement pour leurs tableaux, ils ne savaient pas fixer les couleurs.

§ XXXVIII.

Lavis.

Nous ne pouvons ici donner des règles de lavis qui soient générales et adoptées par tous les auteurs, chaque administration ayant ses teintes à elle, qu'on nomme *teintes conventionnelles*.

On a partout abandonné la représentation perspective des arbres et des objets en saillie des plans; dès-lors on n'a plus à s'occuper que de teintes plates légères ordinairement *jaunes* pour les terres, *violettes* pour les vignes, *vertes* pour les prés, *vert foncées* pour les bois, *bleues* pour les eaux, *carminées* pour tous les ouvrages de maçonnerie, et *jaunes* plus ou moins foncé pour les charpentes de construction.

Tous les accidens de terrain, tels que les montagnes, rochers, bergers, côtes, escarpemens, ravins... sont représentés à l'aide de hachures plus ou moins fortes ou de teintes à la *sépia*.

On remarquera que dans une montagne il se

trouve des pentes douces, des versans abruptes, des déchiremens, etc..... Il est important qu'on puisse représenter avec assez d'exactitude tous ces accidens. Pour cela, on divisera les montagnes en *sections horizontales* menées par ses pentes remarquables; on projetera toutes ces masses sur son plan, en indiquant par des hachures très-fortes, très-serrées, les escarpemens, les versans abruptes, et les adoucissant en *dégradant* pour les pentes douces.

— Il ne reste plus à connaître, pour parfaire le lavis, que l'art de disposer l'ombre et la lumière, et c'est ce dont nous allons nous occuper dans le paragraphe suivant.

§. XXXIX.

Effets de lumière.

Il est aisé de se rendre compte de tous les effets d'ombre et de lumière qui ont lieu dans l'espace et sur une étendue limitée. En effet, soit S (*fig.* 99) le corps lumineux, le soleil par exemple, et *ab* un corps placé d'une manière quelconque sur la terre. Les rayons solaires sont divergens de tous côtés; mais le corps *ab* étant opaque, ils sont réfléchis par ce corps, et nécessairement il y a une certaine étendue au-delà de *ab* privée de lumière ou dans l'ombre. Cette partie d'ombre est limitée par les arêtes *ac*, *bc* du cône *abc*, qui a pour base *mn*, diamètre du corps lumineux. Le cône d'ombre varie aux divers instans de la journée, suivant la position du soleil dans son cercle diurne. Quand il entre dans sa carrière au point A, ses rayons étant presque parallèles à l'horizon, ne peuvent se rencontrer; le sommet du cône est très-éloigné de la base, les ombres sont bien plus grandes que l'objet.

« *Majoresque cadunt altis de montibus umbræ.* »

VIRGILE.

Le même effet se reproduit le soir au coucher du soleil.

A midi, c'est-à-dire quand cet astre passe dans le méridien, ses rayons sont perpendiculaires à l'horizon, le cône est nul, il n'y a pas d'ombre, excepté pour les corps qui se trouvent au-dessous d'objets opaques plus grands.

La théorie des *cadrans solaires*, est fondée sur cette variation de l'ombre autour d'un style aux différentes heures de la journée.

Le lecteur curieux en trouvera des descriptions très-poétiques et très-détaillées dans la géométrie de M. *Desdouits*.

La séparation de l'ombre avec la lumière n'a pas lieu d'une manière bien tranchée. La transition est insensible, elle s'opère par un affaiblissement progressif qu'on appelle *dégradation*, et dont la limite est insaisissable.

Il peut y avoir encore d'autres effets d'ombre et de lumière, je veux parler de ceux qui ont lieu quand la lumière ne pénètre que d'une manière vague et incertaine, comme dans l'intérieur d'une chambre ou ailleurs, lorsque le soleil est caché par un nuage ou bien au *crépuscule.* En réfléchissant un peu, l'artiste trouvera facilement la direction des ombres, qui sont moins fortes et entourées d'une zône de pénombre bien plus large, dans cette lumière indécise qu'on nomme *lumière diffuse.*

La science des ombres est liée intimement à celle de la perspective, car elle seule donne de la vie et de la vérité au tableau, en faisant saillir tous les accidens, et donnant au dessin l'apparence d'une sculpture en relief. La science de la disposition des *couleurs* qu'on nomme *perspective aérienne,* complète l'illusion.

— Pour placer convenablement l'ombre dans un plan, on suppose que la lumière part de l'angle gauche, tombant à 45° de la ligne horizontale.

Comme dans les nouveaux plans *géométriques,* on a supprimé les effets de perspective, les ombres sont indiquées seulement par des lignes plus ou moins fortes, marquées à la sépia pour les terrains, et au carmin pour les constructions.

Il faut avoir bien attention, pour ne pas se tromper, de supposer toujours que les corps sont en relief, au lieu d'être en projection, et de considérer alors de quel côté ils jetteraient leurs ombres.

LIVRE QUATRIÈME.

CHAPITRE XIV.

TRIGONOMÉTRIE.

§ XL.

Exposition.

Il y a six parties dans un triangle, trois angles et trois côtés. Quand on connaît trois de ces parties, pourvu que dans les trois il y ait au moins un angle, nous avons vu (§ 6) qu'il est toujours possible de construire le triangle au moyen de la règle et du compas, et de mesurer, par des opérations graphiques, les trois autres parties. Mais cette mesure, si soigneusement qu'elle soit faite, si parfaits que soient les instrumens, ne donne que des résultats numériques d'une approximation bien faible, quand les grandeurs levées sur le terrain sont assez considérables. Le but de la géométrie, exposé au § 3, d'exprimer en chiffres les mesures prises sur le terrain, n'est donc qu'imparfaitement rempli, et il y a ici une lacune à combler, qui est l'objet de la *trigonométrie*.

Comme on ne peut établir aucune comparaison entre les angles ou les arcs qui les mesurent, et les côtés d'un triangle qui ne sont pas des grandeurs *homogènes*, c'est-à-dire de même nature, on substitue à ces angles certaines lignes tirées dans leurs côtés, et telles que de leur connaissance dérive immédiatement celle des angles qui leur correspondent. Ces lignes sont les suivantes :

Soit un angle BAC (*fig.* 102) au centre d'une circonférence,

1° La perpendiculaire CD, abaissée de l'extrémité C d'un des côtés de cet angle se nomme le *sinus*[1] de l'angle BAC.

Angles complémentaires sont deux angles dont la somme vaut un angle droit, et *supplémentaires* ceux dont la somme vaut deux angles droits.

Le sinus CC′ du complément CAB′ de l'angle BAC se nomme *cosinus* de l'angle BAC. Il est égal à la distance AD du centre au pied du sinus.

2° La tangente BT, menée au cercle à l'extrémité du côté AB et terminée sur le prolongement de l'autre côté, se nomme *tangente* de l'angle CAB.

La tangente B′T′ du complément de BAC, est la *cotangente* de BAC.

3° La longueur AT, menée du centre à l'extrémité de la tangente se nomme *sécante* de l'angle BAC, et la sécante AT′ du complément, sa *cosécante*.

4° Il y a encore le *sinus verse* et le *cosinus verse*, qui sont les distances. BD et B′C′ ; mais nous n'aurons pas à nous en occuper.

Les lignes trigonométriques des centres ou des arcs > 90, sont les mêmes que celles des angles contenus dans le quart de cercle, seulement leur position est inverse, et pour les différencier, on est *convenu* qu'on ferait précéder les expressions de grandeurs de deux longueurs opposées des signes + et —, toutes les lignes trigonométriques du premier quart de cercle étant affectées du signe + comme *directions primitives*.

Ainsi, soit un angle MOA (*fig.* 103) de *m*°, ses lignes trigonométriques seront :

$$+ \textit{Sin. } m + \textit{tang. } m + \textit{séc. } m$$
$$+ \textit{Cos. } m + \textit{cot. } m + \textit{coséc. } m.$$

---

[1] *Sinus* est une abréviation du mot latin *semi-inscripta* (demi-inscrite). En effet, il est la moitié de la corde CD′ qui soutend l'arc double.

Cet angle, retranché de 160°, donnera un angle M'OA, dont les lignes trigonométriques seront :

Sin. $(160-m) = + sin.\ m$ (même direction),
Cos. $(160-m) = - cos.\ m$ (directions opposées),
Tang. $(160-m) = + tang.\ m$ (même direction),
Cotang. $(160-m) = - cot.\ m$ (directions opposées),
Séc. $(160-m) = + séc.\ m$ (même direction),
Coséc. $(160-m) = + coséc.\ m$ (id.).

Il peut se faire que dans le calcul on soit conduit à chercher les lignes trigonométriques d'angles, ou plutôt d'arcs plus grands que 160°, c'est-à-dire dont les extrémités aboutissent aux points M'', M''' dans le troisième ou le quatrième quart de cercle et même d'arcs plus grands qu'une circonférence. On ramène les lignes trigonométriques de ces arcs, aux signes près, à leurs égales prises dans le premier quart de cercle. Nous invitons le lecteur à faire ce travail, qui se trouve parfaitement détaillé dans la *Trigonométrie* de *M. Lefebvre de Fourcy*.

Occupons-nous donc seulement des lignes trigonométriques du premier quadrant. Toutes ces lignes se déduisent les unes des autres, en telle sorte que cinq d'entre elles étant connues, il est aisé de déterminer la sixième ; mais on peut toutes les exprimer en fonction du *sinus* et du rayon *r*. En effet, le triangle OMP donne

$$\overline{OM}^2 = \overline{OP}^2 + \overline{MP}^2 \text{ ou } r^2 = \overline{cos.}^2 + \overline{sin.}^2, \text{d'où}$$

$$Cos. = \sqrt{r^2 - sin.^2} \dots (1).$$

A cause des deux triangles semblablaes OMP, OTA, on a :

1° AT : MP :: OA : OP ou *tang.* : *sin* :: *r* : *cos.*, d'où

$$Tang. = \frac{r \times sin\dots}{cos.} \quad (2).$$

2° BC : QM :: BO : QO ou *cotang.* : *cos.* :: *r* : *sin.*, d'où

$$Cot. = \frac{r \times cos.}{sin.} \quad (3).$$

3° OT : OM :: OA : OP ou *séc.* : *r* :: *r* : *cos.*, d'où

$$Séc. = \frac{r^2}{cos.} \quad (4).$$

4° OC : OM :: OB : OQ ou *coséc.* : *r* :: *r* : *sin.*, d'où

$$Coséc. = \frac{r^2}{sin.} \quad (5).$$

Ces *relations* ou *équations* deviendront encore plus simples, si l'on suppose $r = 1$; alors étant donné seulement le sinus d'un arc, on peut connaître ses autres lignes par les équations successives (1), (2), (3), (4), (5).

Donnons maintenant une idée des formules employées pour calculer les sinus des arcs entre 0° et 90° :

D'abord *sin.* 0° = 0,

Et *sin.* 90° = r.

Le sinus étant la moitié de la corde soutendant l'arc double, on pourra calculer *sin.* 45°, qui est la moitié du côté du carré inscrit ; *sin.* 30°, qui est la moitié du côté de l'hexagone inscrit, etc.....

Maintenant, par des considérations géométriques, on a trouvé la relation suivante entre le sinus de la somme ou de la différence de deux arcs m et p, et les sinus de ces arcs :

$$\text{Sin.}\ (m + p) = \frac{\text{sin.}\ m \times \text{cos.}\ p + \text{cos.}\ m \times \text{sin.}\ p.}{r}$$

$$\text{Sin.}\ (m - p) = \frac{\text{sin.}\ p \times \text{cos.}\ m - \text{sin.}\ m \times \text{cos.}\ p.}{r}$$

Ces formules suffiraient, à la rigueur, pour calculer les sinus de tous les arcs, dès qu'on connaît les sinus de deux arcs, partant pour calculer les autres lignes trigonométriques, par les relations 1, 2, 3, 4, 5, mais par des abréviations dont on trouvera le détail dans Legendre : le travail a été considérablement réduit.

On remarquera qu'à 45° les lignes trigonométriques sont égales entre elles, et que de 45° à 90° les sinus, tangente et sécante, ne sont autres que les cossinus, cotangente et cosécante de 0 à 45.

On n'a donc eu besoin de faire le calcul des lignes trigonométriques que de 0 à 45°. On l'a fait en supposant le rayon = 10,000,000, ce qui donne 10 pour son *logarithme;* et au lieu de trouver dans les *tables de sinus* les longueurs elles-mêmes des lignes trigonométriques exprimées en fonction du rayon, on trouve leurs logarithmes, ce qui est bien plus commode.

§ XLI.

RELATIONS DES CÔTÉS D'UN TRIANGLE AVEC LES LIGNES TRIGONOMÉTRIQUES DE SES ANGLES.

PREMIER THÉORÈME. *Quand on prolonge un des côtés AB (fig. 104) d'un triangle ABC, l'angle extérieur CBD, ainsi formé, est égal à la somme des deux angles intérieurs opposés A et C.*

Soit menée AM parallèle à AC, la somme des angles CBM=C comme alterne-interne, et MBD = A comme correspondant, vaudra A + C, ce q. f. d.

Deuxième Théorème. *L'angle inscrit CAB (fig. 105) a pour mesure la moitié de l'arc CB compris entre ses côtés.*

Tirez AO, qui coupera CB en D, et joignez OC, OB.

L'angle COD, d'après (*th.* 1er)=A+C, et comme le triangle AOC est isoscèle, A+C vaut 2A; donc

COD = 2CAO, pareillement
DOB = 2OAB; donc
COD + DOB ou COB = 2CAB.

COB ayant pour mesure comme angle au centre l'arc CB, CAB, qui en est moitié, aura pour mesure $\frac{1}{2}$ CB, ce q. f. d.

Troisième Théorème. *Dans un triangle rectangle ABC (fig. 106):*

1° *Le rayon est au sinus d'un des angles aigus, comme l'hypoténuse est au côté opposé.*

Du point C comme centre avec un rayon CD égal au rayon des tables, décrivez l'arc DE qui sera la mesure de l'angle C; abaissez sur CD la perpendiculaire ET qui sera le sinus de l'angle C. Les triangles CBA, CET sont semblables, et donnent la proportion CE : ET :: CB : BA; donc

r : *sin.* C :: BC : BA.

2° *Le rayon est à la tangente d'nn des angles aigus, comme le côté adjacent de cet angle est au côté opposé.*

Soit élevée sur CD la perpendiculaire DG, qui sera la tangente de l'angle C. Les triangles semblables CDG, CAB donnent la proportion CD : DG :: CA : AB ou

r : *tang.* C :: CA : AB.

Scholie. Par l'application de cette proposition, jointe à celle du carré de l'hypothénuse, on peut résoudre tous les problèmes où deux parties d'un triangle rectangle (l'angle droit ne comptant pas) étant données, on demande les trois autres.

Par exemple, *étant donnés les deux côtés b et c de l'angle droit*, on aura l'angle B par la proportion

C : B :: *r* : *tang.* B, l'angle C = 90 — B,

et l'hypothénuse = $\sqrt{b^2 + c^2}$.

— *Étant donnés l'hypothénuse a et un angle B*, on aura les côtés *b* et *c* par les proportions

r : *sin.* B :: *a* : *b*
r : *cos.* B = *sin.* C :: *a* : *c*.

Étant donnés un côté b et l'hypothénuse a, on aura l'angle B pa la proportion $a : b :: r : sin.$ B ; l'angle C = 90—B, et le côté $c = \sqrt{a^2 - b^2}$.

Application.

On demande la hauteur KM (fig. 19) d'un édifice sans monter à son sommet.

Ayant tourné verticalement le cercle du graphomètre, on le placera à une distance PM=67^m 84 par exemple, de façon que si le terrain est de niveau, le rayon visuel corresponde à une certaine hauteur de l'édifice, sauf à rajouter la hauteur du graphomètre à la hauteur cherchée, et que s'il ne l'est pas, on puisse faire correspondre le rayon visuel horizontal au pied de l'édifice ; on mesure l'angle KPM = 45° 64′ par exemple ; puis on pose la proportion

r : *tang.* 45°, 64′ :: 67, 84 : x, d'où

Log. x = log. 67, 84 + log. *tang.* 45° 64′ — log. r.

Log. *tang.* 45° 64′	=	9,9403263.
Log. 67,84.	=	18,314,858.
Somme		11,7718121.

Retranchant 10 ou log. r, il reste 1,7718121. nomb. cor. 59,13,

Donc KM = 59 mètres 13.

— Tout triangle ABC (*fig.* 12) étant décomposable en 2 triangles rectangles, ABD, ADC, on pourrait appliquer le théorème 3e à la résolution des triangles rectilignes quelconques ; mais les calculs s'abrègent beaucoup par le théorème suivant.

Quatrième Théorème. *Dans un triangle rectiligne quelconque ABC (fig. 107) les sinus des angles sont proportionnels aux côtés opposés.*

Circonscrivons un cercle au triangle ABC ; l'angle A ayant pour mesure la moitié de l'arc BDC, la ligne BC sera la corde d'un arc double de celui qui mesure A ; donc sa moitié en sera le sinus, pareillement les moitiés des côtés AC et AB seront les sinus des angles B et C, et comme on a évidemment $\frac{BC}{2}$: BC :: $\frac{AC}{2}$: AC, on a

Sin. A : BC :: sin. B : AC... etc... c. q. f. d.

Application.

Calculer la distance du point B à un objet inaccessible A (*fig.* 84). Ce problème a été résolu graphiquement (Liv. II, chap. x, § 29).

On mesurera la base BB' et les deux angles adjacens ABB', AB'B. Supposons qu'on ait trouvé BB' = 586^m 45, ABB' = 115° 48' et AB'B = 40° 8', on en conclura le troisième angle BAA' = 44° 44', et pour avoir BA, on fera la proportion

Sin. BAB' : *sin.* BB'A :: BB' : BA.

Log. BB' = ...	2,7697096
Log. sin. B' = ...	9,7766322
Somme.	12,5463418
Log. sin. A = ...	9,8080314
Log. x ou AB = ...	27,383104

Donc x ou AB = 547^m 41.

— On résoudra, par des méthodes semblables, les problèmes que nous avons traités au paragraphe cité.

Le lecteur devra se munir d'une bonne table de logarithmes. Celles de *Callet* ne laissent rien à désirer sous le rapport de l'étendue; mais nous croyons que pour les calculs de triangulation ordinaire, on peut se servir seulement des petites tables de *Lalande*, augmentées de deux décimales par M. *Reynaud*.

CHAPITRE XV.

RÉDUCTIONS DE MESURES.

§ XLII.

Nous nommerons *rapport* le résultat de la comparaison de deux *quantités*; ce résultat est un nombre *entier*, *fractionnaire* ou *incommensurable*.

Tel est celui de la grandeur d'une diagonale à celle du côté du carré qui est $\sqrt{2}$ racine *irrationnelle.*

En effet, le côté du carré étant appelé c, et la diagonale d, on a :

$d^2 = 2c^2$, ou divisant les deux membres de l'égalité par c^2

$$\frac{d^2}{c^2} = 2.$$

Puis, extrayant la racine carrée des deux membres, ce qui ne trouble pas l'égalité (Liv. I, § 6, théor. 6).

$$\frac{d}{c}^{1} = \sqrt{2}.$$

D'après cette définition, le rapport est divisé en deux distinctions. Il peut être :

1° *Le résultat de la comparaison de deux grandeurs ;*

---

[1] Les lettres d et c représentent des nombres. L'aritmétique nous apprend que pour extraire la racine carrée d'une fraction $\frac{d^2}{c^2}$, il faut extraire séparément celle du numérateur et celle du dénominateur.

Ainsi $\sqrt{\frac{d^2}{c^2}} = \frac{\sqrt{d^2}}{\sqrt{c^2}} = \frac{d}{c}$. Cette propriété a du moins été démontrée dans l'hypothèse où d et c seraient des nombres entiers ou fractionnaires ; mais comme d et c sont ici des rapports qui expriment le résultat de la comparaison des deux lignes D et C à l'unité de longueur, c'est-à-dire la *grandeur* réelle ou approximative de ces deux lignes (Liv. I, § 6), ces deux nombres peuvent être *incommensurables*, et alors une nouvelle démonstration du principe devient indispensable. Nous prions le lecteur de réfléchir sur cette difficulté.

2° *Le résultat de la comparaison d'une quantité avec l'unité de mesure.*

Dans tous les cas, il est évident que le rapport est égal au quotient de deux nombres connus dans le premier cas, mais dont l'un, le *diviseur*, est l'unité dans le deuxième cas, tandis que l'autre, le *dividende*, se trouve par une opération graphique.

Un exemple fera mieux sentir ces distinctions:

Cherchons le rapport qui existe entre la base d'un cylindre et sa surface convexe, h étant sa hauteur et r son rayon.

La base est égale à. . . . . . $\pi \times r^2$
Et la surface convexe à. . . $2\pi \times r \times h$

Quotient. . . . . $\frac{r}{2h}$

Ce nombre $\frac{r}{2h}$ est l'expression numérique du résultat de la comparaison des deux grandeurs, toutes deux incommensurables, puisque ce sont des produits dans lesquels entre le facteur π, et même ce rapport est ordinairement commensurable, car, dans le cas où r et h seraient incommensurables, il y a une probabilité pour qu'il se trouve, dans ses deux termes, un facteur incommensurable commun, et, par conséquent, que l'on pourrait supprimer. Cet exemple fait bien voir combien le rapport $\frac{r}{2h}$, qui est un nombre abstrait, est indépendant des deux grandeurs $\Pi \times r^2$ et $2\Pi \times r \times h$, qui sont des nombres concrets, car elles nous représentent des mètres carrés, et qui cesseraient de l'être si on n'indiquait pas spécialement l'unité de mesure à laquelle on les a rapportées.

— Voyons maintenant quel mode de calcul il faudra adopter pour former des tableaux de réductions, des mesures de même nature, par exemple, de pieds en mètres, de livres en grammes... et réciproquement, tableaux fort utiles pour ramener au système métrique les mesures anciennes de France et celles des autres pays.

Une seule donnée est nécessaire pour former ces tableaux, c'est d'avoir une égalité entre deux nombres de mesures, savoir, par exemple, que A unités (principales ou secondaires) d'un système S valent B unités de l'autre système S'.

En effet, si l'on cherche le rapport du système S au système S', pour opérer rationnellement, on cherchera d'abord la valeur de l'unité du système S; or, cette valeur dérive de l'égalité A = B, car, en divisant les deux membres par B, il vient

$$\frac{A}{B} = 1.$$

Le rapport $\frac{A}{B}$ sera, s'il n'est pas un nombre entier, calculé en décimales, en poussant l'approximation aussi loin qu'on peut le désirer.

Cela fait, on formera le tableau suivant :

UNITÉS du SYSTÈME S.	EN UNITÉS. du SYSTÈME S'.	OBSERVATIONS.
1.	$\frac{A}{B}$	Chaque ligne de la deuxième colonne se forme en ajoutant la première ligne $\frac{A}{B}$, à la ligne immédiatement supérieure à celle qu'on veut former. Les vérifications s'offrent d'elles-mêmes dans les nombres composés des facteurs simples.
2.	$\frac{A}{B}+\frac{A}{B}$	
3.	$\frac{2A}{B}+\frac{A}{B}$	

On trouvera, dans l'*Annuaire du bureau des Longitudes*, les tableaux de réduction dont nous venons d'expliquer la formation; on peut, du reste, les faire très-aisément soi-même.

LIVRE CINQUIÈME.

CHAPITRE XVI.

FAITS DIVERS. — CONTENTIEUX. — SYLLOGISMES.

§ XLIII.

« Il est sur l'Hélicon deux sommets différens. »
(Pope, *Essai sur la critique*).

« Je soutiens qu'il faut dire la figure d'un chapeau, et non » pas la forme..... Ce sont les termes exprès d'Aristote dans le » chapitre de la qualité.
. . . . . — « Une proposition condamnée par Aristote !
— Il a tort. —
(Molière, *Mariage forcé*, scène iv.)

On donne ordinairement de l'étendue la définition suivante :

« L'étendue est ce qui a trois dimensions. »

Définition qui, ce me semble, a le défaut de confondre l'étendue, qui est immatérielle avec la matière qui a également trois dimensions, ou du moins qui ne distingue pas assez le corps lui-même de la place qu'il occupe dans l'espace, place qu'on peut saisir encore par abstraction, lorsque le corps est enlevé. Cette place est son *étendue*.

D'autres ouvrages confondent tout-à-fait l'étendue avec ce que j'ai nommé *espace*, et qui est l'étendue infinie; alors quel sens attacher à la définition l'*étendue à trois dimensions?* — où chercher une dimension à l'infini?

Prenons garde aux premières définitions. Bien des choses se sentent et se rendent mal. Évitons, dans le principe, la méthode synthétique; ne craignons pas de fixer dès l'origine, à chaque expression, le sens propre qu'elle doit avoir, sans pour cela nous battre les flancs pour définir des mots qui, par cela seul qu'ils font image d'eux-mêmes et représentent parfaitement à l'esprit l'objet en question, ne sont pas susceptibles d'être expliqués et paraphrasés.

L'étendue donc sera engendrée de l'espace, comme le temps l'est de l'éternité. L'étendue est limitée, l'espace est infini; l'étendue est mesurable, l'espace nous échappe : voilà ce que nous avons compris.

— *Le Journal des Mathématiques* a déjà signalé le vice de la définition du mot *grandeur*.

Grandeur est tout ce qui est susceptible d'augmentation ou de diminution.

» D'après cela, disait le critique, une qualité mo-

» rale pourrait être appelée *grandeur*, car elle peut » diminuer ou augmenter. »

L'observation est juste. Nous avons essayé de donner une définition qui qualifiât la grandeur sans aucune restriction de limite, ni d'approximation; mais nous craignons qu'elle ne soit pas encore assez précisée.

— Un des points contentieux de la Géométrie, c'est la théorie des *incommensurables*, pour laquelle on présente trois méthodes que nous allons d'abord analyser en peu de mots :

1° Méthode de Legendre.

Il s'agit de démontrer que l'égalité $\frac{a}{b}=\frac{a'}{b'}$ qui se prouve très-facilement quand les grandeurs b et b' sont commensurables, est encore vraie quand elles sont incommensurables.

Le mode de raisonnement employé dans cette méthode est de faire voir que si l'on n'admet pas l'égalité contestée, il résultera de cette hypothèse une absurdité.

Supposons donc que b' ne soit pas le quatrième terme de la proportion $a : a' :: b : b'$ [1], et que ce quatrième terme soit $b'' \gtrless b'$:

Supposons le plus grand pour fixer les idées.

Soit d la différence $b'' - b'$, on divisera b' en un certain nombre de parties égales plus petites que d, il tombera au moins une de ces parties en-

[1] Il est bien entendu que les lettres a, a', b, b' nous représentent des quantités géométriques, lignes, arcs, ou angles divisibles à l'infini.

tre b'' et b'; soit c le nombre de parties compris depuis l'origine des divisions jusqu'à celle qui tombe entre b'' et b, et a'' la quantité de même nature que a et a', qui correspond à c, a et c étant alors des quantités commensurables, on aura:

$$a' : a'' :: b' : c.$$

Mais a' est plus petit que a'' et $b' > c$; la proportion est donc absurde, et comme ce résultat provient de l'hypothèse $b'' \gtrless b'$, il faut que $b'' = b'$.

2° La deuxième, qui a été proposée par *M. Ampère* et admise dans les Géométries de *MM. Vincent* et *Reynaud*, est celle des limites. On choisit deux nombres approchés, l'un en plus, l'autre en moins du rapport $\frac{a}{a'}$, et l'on prouve que ces deux nombres sont les mêmes que ceux qui ont été calculés avec le même nombre de décimales pour le rapport $\frac{b}{b'}$. On pousse plus loin l'approximation des deux rapports, en calculant plus de décimales, et l'on démontre qu'il est possible de rendre la différence des deux rapports plus petite que toute quantité donnée, si petite qu'elle soit. Comme ils établissent préalablement le principe qu'il est impossible que deux objets puissent approcher de plus en plus simultanément d'un troisième, et tendre vers lui, comme leur limite commune, sans se confondre ensemble et être identiques, ils concluent, en conséquence de ce principe, l'égalité des deux rapports $\frac{a}{a'}$, $\frac{b}{b'}$, qui tendent de plus en plus simultanément vers leur limite insaisissable l, et peuvent en différer aussi peu que l'on voudra.

Nous sommes fâchés d'avouer que le raisonnement par l'absurde, et la méthode des limites qui ne sont que des subtilités de logique, répondent peu au besoin d'une démonstration claire et sensible.

Voici ce que beaucoup de professeurs se contentent de dire :

Si vous calculez séparément les rapports $\frac{a}{a'}$ et $\frac{b}{b'}$ successivement à l'approximation d'$\frac{1}{10}$, $\frac{1}{100}$, $\frac{1}{1000}$..., vous trouverez les mêmes chiffres aux quotiens; poussez-la encore plus loin, vous trouverez toujours les mêmes chiffres. On peut donc sensiblement en conclure l'égalité des deux rapports[1].

—Il est impossible de donner une démonstration du *postulatum* d'Euclide, sans se jeter dans la considération de l'infiniment grand ; c'est ce que nous ont prouvé tous les géomètres depuis *Clavius*, le commentateur d'Euclide jusqu'à M. *Bertrand, de Genève*, qui commence par établir une comparaison entre un angle et une bande de deux lignes parallèles, choses assez hétérogènes, et pose le principe : *l'angle est plus grand que la bande.* Sa dé-

---

[1] Presque toutes les lignes, à moins d'être construites exprès, sont incommensurables. Cela résulte de ce que nos sens sont imparfaits, tandis que la matière est divisible à l'infini. Il y a lieu de croire à l'égalité des grandeurs de deux lignes, lorsque l'on démontre que leurs approximations numériques successives, quelque loin qu'elles soient calculées, sont toujours égales.

monstration est, du reste, fort plausible, et il montre très-ingénieusement les anomalies singulières qu'on trouve, en supposant que les grandeurs géométriques deviennent infinies. Ainsi une circonférence de cercle d'un rayon infini est une ligne droite; elle se confond avec sa tangente, etc.

Nous ne parlerons pas de la démonstration de Legendre, qui commence par établir le théorème de la somme des angles intérieurs d'un triangle, en passant toutefois par la considération de l'infini qu'il repousse si énergiquement. L'idée des parallèles reposant sur l'infini, ce grand auteur n'a pu, malgré cette habile argumentation sur l'applatissement progressif d'un triangle qui finit par s'évanouir, n'a pu, dis-je, éviter la considération de l'infini, sur laquelle repose la définition même des parallèles, lignes qui ne se rencontrent *jamais*. Le postulatum est admis sans démonstration par la plupart des professeurs.

Dernière épine! — la surface et le volume des corps ronds. — Ici encore, profonde horreur de l'infini de la part de l'ancienne école, — application de la théorie des limites par les auteurs déjà cités, — et assimilation du corps rond à un polyèdre, et de sa surface à un polygone.

Prenons le cercle pour exemple, afin de faire connaître au lecteur les deux démonstrations de M. *Legendre* et de M. *Reynaud*.

1° Si *circ.* $\times \frac{1}{2}r$ n'est pas la mesure du cercle qui a pour rayon *r*, il est toujours possible de concevoir que *circ.* $\times \frac{1}{2}r$ sera la mesure d'un cercle plus grand ou plus petit, puisqu'un cercle peut passer par tous les états de grandeur, depuis *o* jusqu'à l'infini. Supposons donc que ce soit la mesure d'un cercle plus grand ou plus petit, il résulte une absurdité de cette hypothèse; donc...

2° Les mesures de deux polygones réguliers inscrits et circonscrits peuvent s'approcher simultanément de plus en plus de la mesure du cercle, et en différer d'une quantité plus petite que toute quantité donnée; or, ces mesures s'obtiennent en multipliant le périmètre par la moitié de l'apothème, donc...

CHAPITRE XVII.

PROBLÈMES.

§ XLIV.

Les problèmes que l'on peut se proposer sur la Géométrie sont de deux sortes, *graphiques* et *numériques*.

Le problème numérique a pour but, étant données des valeurs particulières à différentes parties d'une figure, de calculer à une approximation voulue les autres parties; tandis que le but du problème graphique est de construire avec la règle et le compas, et de dessiner sur le papier diverses parties d'une figure, quand on a déjà le dessin géométrique des autres.

Donnons quelques exemples de problèmes numériques.

I. *Un cylindre d'un diamètre de* o^{m},436 *est rempli d'eau jusqu'à la hauteur de 8 pieds 4 pouces. On y plonge un corps qui fait monter l'eau de 1 pouce 9 lignes; on demande le volume de ce corps.*

$$1 \text{ ligne} = \frac{1}{443} \text{ m.}$$

$$1 \text{ pouce } 9 \text{ lignes} = \frac{21}{443} \text{ m. ; donc}$$

$$\text{Volume du corps} = \frac{21 \times \overset{\text{m.}}{0{,}436}}{443} = \overset{\text{mètr. cub.}}{0{,}072{,}500}.$$

Le volume cherché est donc 72 décimètres cubes 500 centimètres cubes.

II. *Le diamètre AB de la base d'un cône OAB (fig. 67) est de 7,81 m., et sa hauteur de 15,76 m. On le coupe à une hauteur de 18 pieds par un plan CC' parallèle à sa base. On demande le volume du tronc.*

	m. cub.
Vol. du cône entier	= 250,84
Vol. du petit cône OCC'	= 18,07
	m. cub.
Vol. du tronc	= 242,77

Pour trouver le volume du petit cône OCC', il faut connaître le diamètre CC' de sa base. Les diamètres des bases étant entre eux comme les hauteurs, on l'obtient par la proportion :

$$15{,}76 : 9{,}91 :: 7{,}81 : X.$$

Même question quand on a la base AB = 5,87 m, la hauteur = 12 toises, et que la section se fait au-delà du sommet à une hauteur au-dessus de la base de 85 pieds 8 pouces.

	m. cub.
Vol. du grand cône	= 347,280
Vol. du petit	= 2,890
	m. cub.
Somme	350,170

III. *Calculer la base d'un cône dont la hauteur serait la même que celle d'un cylindre qui a pour volume 3, 87 m., et pour hauteur 1,5 m. Ce cône doit, de plus, être équivalent au cylindre.*

Réponse. $\overset{\text{m. car.}}{0{,}77}$

— Ces exercices peuvent être multipliés et variés. Il est très-utile d'en faire beaucoup pour s'habituer au calcul, en s'attachant surtout à se donner d'avance une limite pour l'approximation qu'on doit obtenir en combinant ses calculs de manière à parvenir à cette limite sans la dépasser. On trouvera, à la fin de l'Arithmétique de M. *Bourdon*, un travail sur cet objet, qui répond très-bien au besoin que l'on avait d'une bonne méthode.

— Les calculs numériques, qui ont pour but d'exprimer en fonction du rayon du cercle inscrit ou circonscrit les côté, apothème, surface... des polygones réguliers, offriraient presque à eux seuls la matière d'un gros volume. Nous allons en indiquer quelques-uns.

Voici l'énoncé général :

Calculer le côté, l'apothème et la surface de plusieurs polygones réguliers en fonction du rayon.

1° Carré inscrit.

Soit r le rayon du cercle, AC le côté du carré inscrit (*fig.* 56), AOC étant un angle droit, l'on a

$$\overline{AC}^2 = 2\overline{AO}^2 = 2r^2 \text{; donc}$$
$$AC = r\sqrt{2}.$$

La surface du carré inscrit est donc égale à deux fois le carré du rayon, ce qui se voit par la figure, puisqu'elle contient les triangles rectangles AOD, AOC... dont chacun est égal au demi-carré du rayon.

2° Carré circonscrit.

Son côté est évidemment égal au diamètre $= 2r$; donc sa surface est $4r^2$, ce qui se voit par la figure.

3° Hexagone inscrit (*fig.* 54).

Le côté AB = le rayon r.

L'apothème OK $= \sqrt{\overline{OA}^2 - \overline{AK}^2} = \sqrt{r^2 \frac{1}{4} - r^2} = \sqrt{\frac{3}{4} r^2} = \frac{1}{2} r \sqrt{3}.$

Donc, surface $= 6r \times \frac{1}{2} r \sqrt{3} = \frac{3}{2} r^2 \sqrt{3}.$

— Nous invitons le lecteur à continuer ces calculs sur d'autres exemples, en lui faisant observer que les lignes inconnues s'obtiendront toujours au moyen des lignes connues, soit par une règle de 3, soit par une application du théorème du carré de l'hypothénuse, soit en se servant d'une des formules élémentaires de la trigonométrie. Il donnera ensuite des valeurs particulières au rayon, et calculera les formules obtenues à une approximation plus ou moins grande.

Problèmes graphiques.

1° *Trouver le centre d'un cercle décrit (fig. 54).*

Unissez entre eux trois points quelconques, A, B, C de ce cercle; élevez des perpendiculaires sur le milieu de deux cordes AB et BC, elles se couperont au centre.

Scholie. La ligne KO perpendiculaire, sur le milieu de AB, jouit de la propriété d'avoir tous ses points également distans des points A et B. Cette propriété lui fait prendre le nom de *lieu géométrique* des points également distans des deux extrémités A et B, ou encore de lieu géométrique des centres des cercles qui passent par les deux points A et B. Il en est de même de la ligne OK' perpendiculaire sur le milieu de BC. Le point O est à l'intersection des deux lieux géométriques, et il ne peut en être autrement; car le centre doit être équi-distant de tous les points de la circonférence, et par conséquent des trois points A, B et C. Il y a beaucoup de problèmes qui se résolvent par l'intersection de deux ou plusieurs lieux géométriques.

2° *Mener une tangente à un cercle par un point A pris hors du cercle (fig. 108).*

Joignez le point A au centre O du cercle, et sur OA, comme diamètre, décrivez une circonférence qui coupera la circonférence OB aux deux points B et C. La ligne AB sera tangente au cercle OB; car l'angle OBA est droit.

Ce problème admet deux solutions, car la ligne AC, symétrique de AB, est aussi tangente au cercle OB.

3° *Mener une tangente commune à deux cercles C et C' (fig. 109).*

Menez deux rayons parallèles et dirigés dans le même sens CA et C'A', joignez AA', et par le point M où elle coupe CC' prolongée, menez une tangente à C', elle le sera aussi à C.

En effet, les lignes CM et CM' étant proportionnelles aux rayons, les deux triangles MC'B, MCB sont semblables, et l'angle CBM est droit ; donc MB tangente au cercle C' l'est aussi au cercle C.

Ce problème admet ordinairement quatre solutionss ; car, en prolongeant le rayon, AC en A'', et joignant A'A'', on obtient un point M'. Si, de ce point, on mène une tangente au cercle C', elle l'est aussi au cercle C. (*Même dém.*).

4° *Construire une moyenne proportionnelle entre deux droites données P et Q* (*fig.* 41).

De part et d'autre du joint O sur la ligne CD menée arbitrairement, prenez OC = P et OD = Q; sur CD comme diamètre, décrivez une demi-circonférence, élevez au point O une perpendiculaire qui coupe la circonférence au point K, OK sera la ligne demandée.

En effet, les deux triangles COK, KOD sont semblables au grand triangle CKD ; donc ils le sont entre eux, et l'on a :

$$CO : OK :: OK : OD.$$

5° *Diviser un triangle en m parties équivalentes par des parallèles menées à la base* (*fig.* 110).

Supposons le problème résolu, et soit APQ le triangle supérieur, qui est la $m^{\text{ème}}$ partie du triangle ABC, les autres parties étant des trapèzes.

La ligne PQ étant parallèle à BC, les deux triangles ABC, APQ sont semblables, et leurs surfaces sont entre elles comme les carrés des côtés homologues, c'est-à-dire que

$$\text{Surface ABC} : \text{surface APQ} :: \overline{AB}^2 : \overline{AP}^2.$$

Or, surface ABC est connue primitivement ou facile à mesurer,

$$\text{surface APQ} = \frac{\text{surf. ABC}}{m}.$$

AB est également connu, on peut donc calculer $\overline{AP}^2$, et par suite AP.

Les autres points P', P''... s'obtiendront de même en calculant les longueurs AP', AP''... par une simple règle de 3.

En effet, pour le point P', par exemple, on posera

$$\text{Surface ABC} : \text{surf. AP'Q'} = \frac{2\ \text{surf. ABC}}{m} :: \overline{AB}^2 : \overline{AF}^2.$$

— On pourrait étendre le problème à la division d'un quadrilatère et d'un polygone quelconque en parties équivalentes par des parellèles. Mais voici comment il faut procéder sur le terrain quand on doit partager un champ ABCD en m parties équivalentes (*fig.* 111).

Après avoir mesuré sa surface que j'appellerai S, on tire une ligne AM, qu'on peut nommer de *fausse position*, telle que la superficie APM soit à peu près à l'œil le $\frac{1}{m}$ de S. On mesure APM, et l'on trouve que sa superficie diffère du m^{me} de S d'une grandeur que je suppose égale à p. Il s'agit de restituer à APM cette grandeur qui doit être assez minime, pour peu que l'on ait l'habitude d'opérer. Pour cela, on divisera p par la longueur AM : ce qui donnera la base MM' d'un quadrilatère qu'on peut considérer, sans grande erreur, comme rectangle, si p est très-petit. On ajoutera ce rectangle à APM, et la figure BPM' sera le $\frac{1}{m}$ de ABCD. (On comprend aisément qu'au lieu d'ajouter ce rectangle, on l'aurait retranché, si APM avait différé en plus du m^{me} de S.

En suivant une méthode semblable, on calculera les autres divisions aussi facilement.

Pour la deuxième, par exemple, on tirera la ligne de *fausse position* CN, et l'on mesurera CPN qui doit égaler les $\frac{2}{m}$ de S, ou en différer d'une petite grandeur q. On supposera que cette grandeur représente un rectangle, dont la hauteur est de DN et la base $\frac{q}{DN}$, et l'on retranchera ou l'on ajoutera ce rectangle à CM'DN, en prenant une longueur égale à $\frac{q}{DN}$ à droite ou à gauche du point N sur la limite du champ, et menant par l'extrémité de cette longueur une parallèle à DN.

On continuera de même pour les 3ᵉ, 4ᵉ, 5ᵉ... etc. divisions.

L'exactitude de ce procédé repose sur ce que les différences p, q sont très-petites, ce qui n'arrive pas toujours au premier jet de la ligne de fausse position ; on doit alors en tirer une seconde et même une troisième, afin de ne pas s'exposer à des erreurs notables.

— Le lecteur aura sans doute observé que nous avons suivi, pour la solution du problème cinquième, une méthode différente de celle qui a été employée pour résoudre les problèmes 1ᵉʳ, 2ᵉ, 3ᵉ et 4ᵉ.

Nous avons supposé le problème 5ᵉ résolu, et nous avons examiné sur ce qui s'ensuivrait, dans cette hypothèse, pour les différentes parties de la figure 110, formées par les lignes que nous ne savions pas encore construire. De là, nous avons déduit les procédés pour construire ces lignes. Cette méthode s'appelle *analyse;* elle procède par décomposition.

Dans les autres problèmes, au contraire, nous avons dit : Faites les opérations sur les lignes connues, ces opérations vous donneront les lignes inconnues, et nous l'avons démontré. Cette méthode, qui procède par composition, est la *synthèse.*

NOTE.

Voici la définition des termes que nous avons employés pour distinguer le genre de chacun de nos énoncés.

« *Axiôme* est une proposition évidente d'elle-même.

» *Théorème* est une vérité qui devient évidente au moyen d'un raisonnement appelé *démonstration*.

» *Problème* est une question proposée qui exige une *solution*.

» *Corollaire* est la conséquence qui découle d'une ou de plusieurs propositions,

» *Scholie* est une remarque sur une ou plusieurs propositions précédentes, tendant à faire apercevoir leur liaison, leur utilité, leur restriction ou leur extension. »

(LEGENDRE, Liv I.)

DIAGRAPHE[1].

Il était à désirer, après la découverte du Pantographe, qu'il fût apporté à cet instrument une modification qui le rendît apte à suivre sur le papier le trait d'une figure plane ou en relief, dont les contours seraient saisis, non pas par une pointe appliquée sur cette figure, mais par l'extrémité d'un rayon visuel, afin qu'on pût copier ou réduire sans y toucher et sans s'en approcher, un tableau ou une statue, ou même un paysage d'après nature.

— Cette modification, qui établirait entre cet instrument et le Pantographe la différence qui existe entre le Graphomètre et le Rapporteur, a été imaginée il y a trois ans par M. *Gavart*, et réalisée par la construction de l'instrument qu'il a nommé DIAGRAPHE.

---

[1] Voir *Pantographe*, Liv. I, Chap. IV, § 19.

TABLE.

LIVRE TROISIÈME.

LIVRE QUATRIÈME.

LIVRE CINQUIÈME.

FIN DE LA TABLE.

ERRATA.

Il est essentiel de corriger les fautes suivantes avant de commencer la lecture de l'ouvrage.

1° TEXTE.

Pages	Lignes		
9	9	en remontant.	*Yppocrate*, lisez : *Hippocrate*.
id.	11		rayez le mot : *fameux*.
17	10		$6+\frac{5}{7}$, *lisez :* $\frac{6+\frac{5}{7}}{9}$.
21	5		rayez le mot : *numérique*.
28	6		*en cuivre jouant*, lisez : *en cuivre, jouant*.
36	3		*la tragente*, lisez : *la tangente*.
37	15		*avec un*, lisez : *avec un rayon*.
50	2		*d'unité*, lisez : *d'unités*.
52	11		*plus de points*, lisez : *plus de deux points*.
55	7		*se trouvaient*, lisez , *se trouvent*.
58	2		*double O à*, lisez : *double à*.
id.	14		supprimez le nombre $\frac{1}{2}$.
67	1		rayez les mots : *à peu près*.
75	10		*fig.* 82, lisez : *fig.* 81.
78	10		*fig.* 83, lisez : *fig.* 82.
80	14		*fig.* 84, lisez : *fig.* 83.
81	12		*fig.* 85, lisez : *fig.* 84.
84	2		SITUÉES, lisez : SITUÉS.
86	21		*le parabole*, lisez : *la parabole*.
92	10		*triangle ACD*, lisez : *triangle ACE*.
id.	12		*ABD*, *BDF*, lisez : *AED*, *EDF*.
93	16		*BQ*, lisez : *PQ*.
id.	17		*fig.* 25, lisez : *fig.* 85.
97	9		*EDEFS et FEBD*, lisez : *SFBD et SFBC*.

Pages	Lignes	
id.	12	*SCBD*, lisez : *SCFD*.
id.	13	*SCED*, lisez : *SABC*.
105	15	$\overline{CX}^2$, lisez : $\overline{CK}^2$.
113	18	*au point*, lisez : *un point*.

2° Planches.

Figures 71 Remplacez la lettre *F'* par la lettre *f*.
73 Mettez un accent à la lettre *F* inférieure.
75 Placez les lettres *C* et *D* aux extrémités du diamètre conjugué de EF.
77 Placez la lettre *E* à l'extrémité inférieure de l'axe de la parabole.
78 Accentuez celle des deux lettres *M* qui se trouve à gauche.
id. Remplacez la lettre *X* par la lettre *V*.
79 Remplacez la lettre *S* par la lettre *f*.
80 Remplacez la lettre *F'* par la lettre *f*.

FIN.

COULOMMIERS. — IMPRIMERIE DE [illegible]ARD.

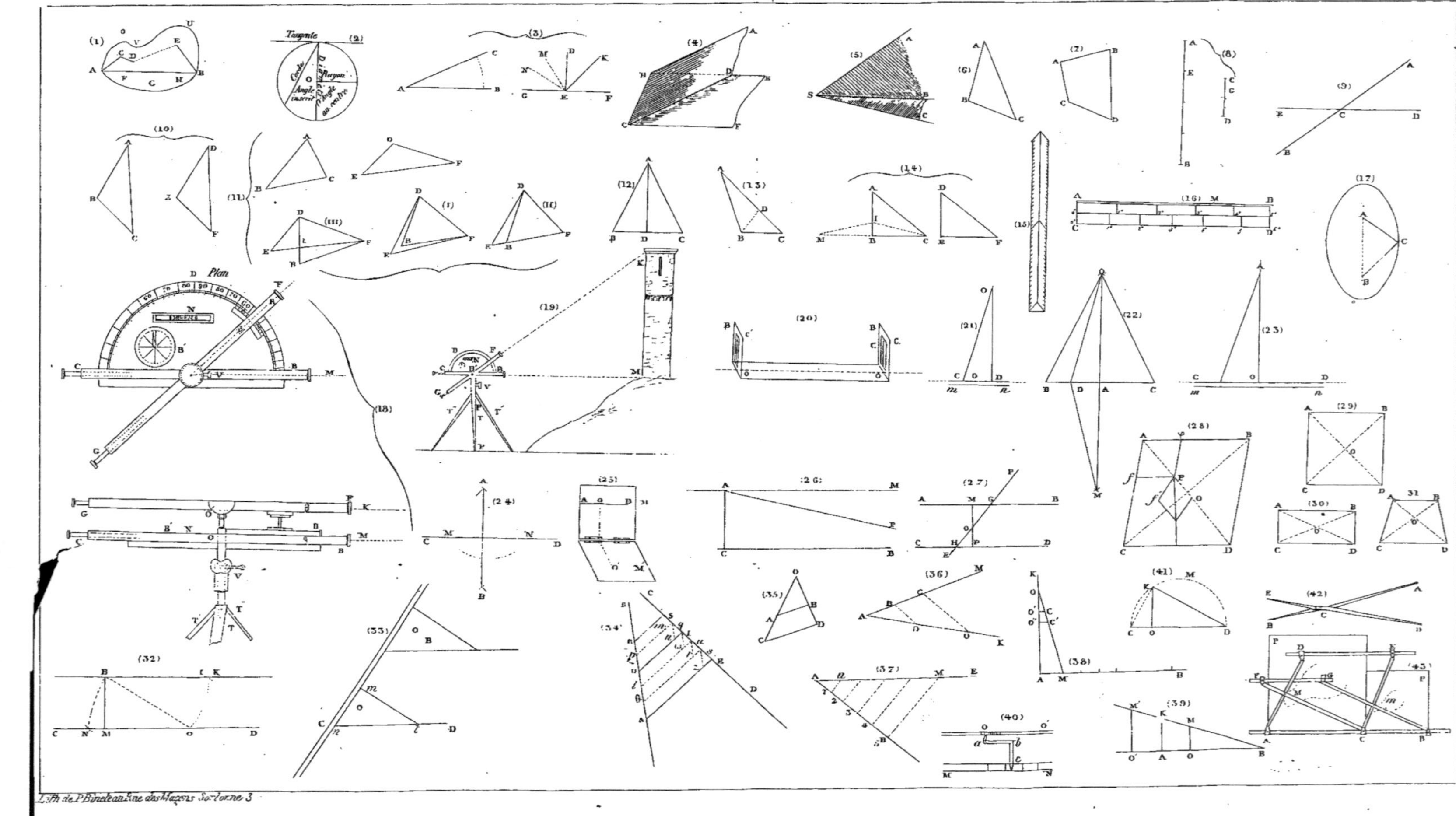
Tangente
Corde
Rayon
Diamètre
Angle inscrit
Angle au centre
Plan

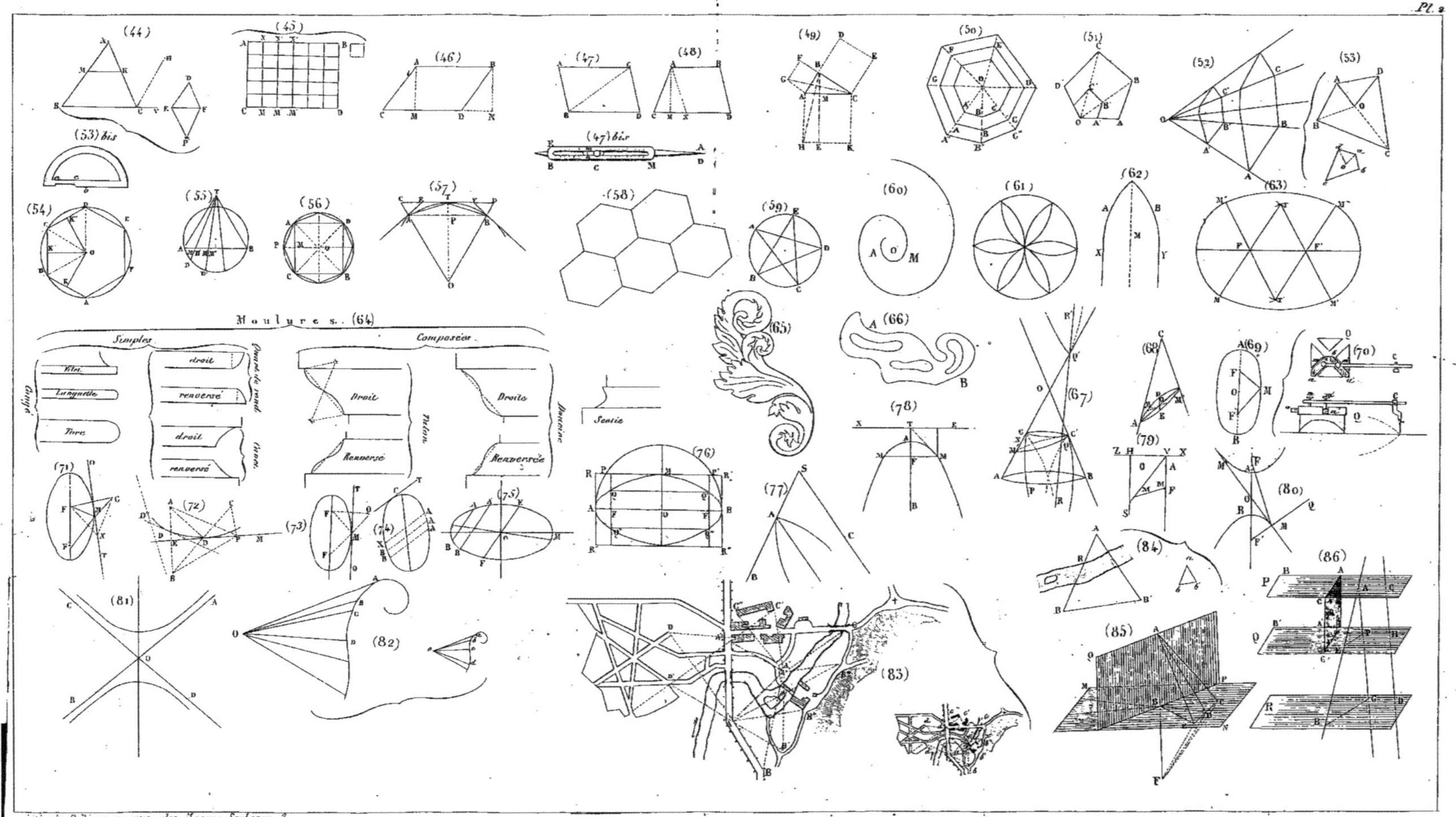

Lith. de P. Bineteau rue des Maçons Sorbonne 3

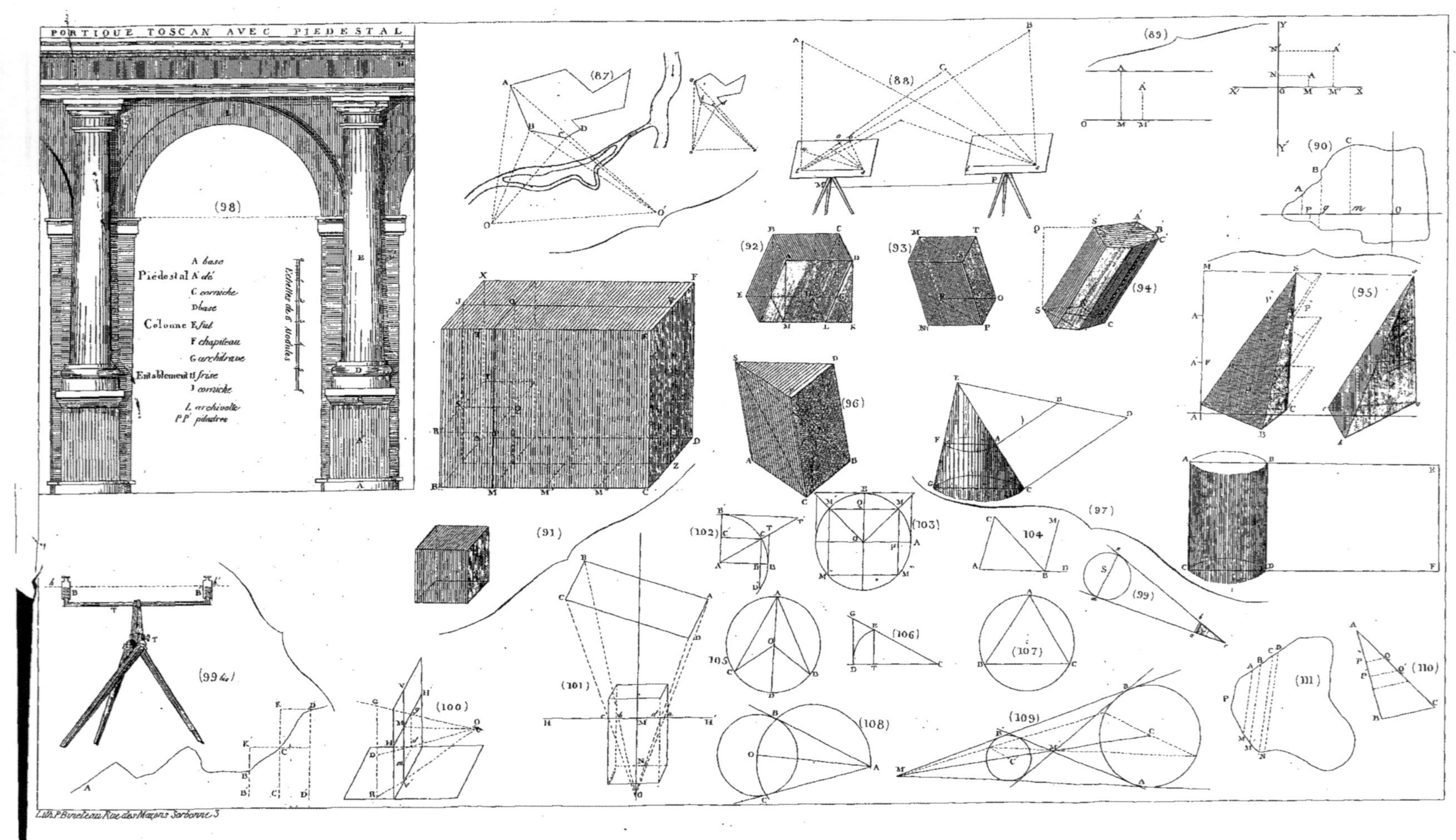
PORTIQUE TOSCAN AVEC PIEDESTAL
(98)
Piédestal A base
A' dé
C corniche
Colonne D base
E fût
F chapiteau
Entablement G architrave
H frise
I corniche
L archivolte
P P' pilastres
Echelles de 6 Modules
(87)
(88)
(89)
(90)
(91)
(92)
(93)
(94)
(95)
(96)
(97)
(99)
(99 bis)
(100)
(101)
(102)
(103)
104
105
(106)
(107)
(108)
(109)
(110)
(111)
Lith. P. Bineteau Rue des Maçons Sorbonne 3

www.ingramcontent.com/pod-product-compliance
Ingram Content Group UK Ltd.
Pitfield, Milton Keynes, MK11 3LW, UK
UKHW022108190726
13855UKWH00002B/711

9 782013 441124